François Couchot

Anneaux de valuation et anneaux à type de module borné

François Couchot

Anneaux de valuation et anneaux à type de module borné

Mathématiques, algèbre, théorie des anneaux et des modules

Presses Académiques Francophones

Impressum / Mentions légales

Bibliografische Information der Deutschen Nationalbibliothek: Die Deutsche Nationalbibliothek verzeichnet diese Publikation in der Deutschen Nationalbibliografie; detaillierte bibliografische Daten sind im Internet über http://dnb.d-nb.de abrufbar.
Alle in diesem Buch genannten Marken und Produktnamen unterliegen warenzeichen-, marken- oder patentrechtlichem Schutz bzw. sind Warenzeichen oder eingetragene Warenzeichen der jeweiligen Inhaber. Die Wiedergabe von Marken, Produktnamen, Gebrauchsnamen, Handelsnamen, Warenbezeichnungen u.s.w. in diesem Werk berechtigt auch ohne besondere Kennzeichnung nicht zu der Annahme, dass solche Namen im Sinne der Warenzeichen- und Markenschutzgesetzgebung als frei zu betrachten wären und daher von jedermann benutzt werden dürften.

Information bibliographique publiée par la Deutsche Nationalbibliothek: La Deutsche Nationalbibliothek inscrit cette publication à la Deutsche Nationalbibliografie; des données bibliographiques détaillées sont disponibles sur internet à l'adresse http://dnb.d-nb.de.
Toutes marques et noms de produits mentionnés dans ce livre demeurent sous la protection des marques, des marques déposées et des brevets, et sont des marques ou des marques déposées de leurs détenteurs respectifs. L'utilisation des marques, noms de produits, noms communs, noms commerciaux, descriptions de produits, etc, même sans qu'ils soient mentionnés de façon particulière dans ce livre ne signifie en aucune façon que ces noms peuvent être utilisés sans restriction à l'égard de la législation pour la protection des marques et des marques déposées et pourraient donc être utilisés par quiconque.

Coverbild / Photo de couverture: www.ingimage.com

Verlag / Editeur:
Presses Académiques Francophones
ist ein Imprint der / est une marque déposée de
OmniScriptum GmbH & Co. KG
Heinrich-Böcking-Str. 6-8, 66121 Saarbrücken, Deutschland / Allemagne
Email: info@presses-academiques.com

Herstellung: siehe letzte Seite /
Impression: voir la dernière page
ISBN: 978-3-8416-2768-1

Anneaux de valuation et anneaux à type de module borné

François Couchot

Université de Caen - Basse Normandie
U.F.R. de sciences
Ecole doctorale SIMEM

Laboratoire de Mathématiques Nicolas Oresme [1]

Habilitation à diriger des Recherches
Spécialité : MATHÉMATIQUES

présentée par :

François COUCHOT

intitulée :

Anneaux de valuation et anneaux
à type de module borné

soutenue le 13 novembre 2008 à l'Université de Caen

Jury composé de :

CHABERT Jean-Luc	Université de Picardie, Amiens
DEHORNOY Patrick	Université de Caen Basse-Normandie
FACCHINI Alberto	Université de Padoue, Italie
GÖBEL Rüdiger	Université de Duisbourg-Essen, Allemagne
LECLERC Bernard	Université de Caen Basse-Normandie
TRLIFAJ Jan	Université Charles de Prague, République Tchèque

1. Laboratoire LMNO, Mathématiques BP. 5186, 14 032 Caen cedex, France
email : lmno@math.unicaen.fr   tel : 33 231 56 73 22   fax : 33 231 56 73 20
internet : http ://www.math.unicaen.fr/lmno/

Remerciements.

Passer son Habilitation à Diriger des Recherches au moment même où on parle de son départ à la retraite est sans nul doute une situation singulière. Mais comme le dit le bon sens populaire : "mieux vaut tard que jamais". Personnellement, je trouve bien plus gratifiant et jubilatoire de passer son HDR que de partir à la retraite, qui, est d'une certaine façon un "enterrement" de votre vie professionnelle, même si éventuellement, c'est le début d'une nouvelle vie, tout aussi enrichissante.

Bien sûr, je remercie tous les membres du Jury qui ont accepté, avec beaucoup d'enthousiasme, de rapporter sur mes travaux et/ou d'assister à ma soutenance d'HDR. Je remercie tous les collègues de notre département avec lesquels j'ai eu à travailler, que ce soit pour l'enseignement, la recherche ou l'administration. Je n'oublie pas le personnel de secrétariat dont les compétences et le dévouement nous font souvent gagner un temps très précieux.

Je voudrais aussi dire et expliquer que j'ai eu beaucoup de chance (ou que j'ai toujours su la saisir ? tout un débat). Un ancien camarade de lycée et d'université, que j'ai rencontré récemment, me faisait remarquer, et je suis d'accord avec lui, que nous avions passé notre jeunesse à une époque "formidable". Enfants du "baby-boom", nous avons connu les "trente glorieuses", et l'Ecole a joué pour nous et quelques autres que je connais, son rôle d'ascenseur social. J'ai bien peur que ce ne soit plus le cas aujourd'hui.

En 1969-1970 je suis les cours de DEA. J'ai la chance qu'en juin 1970 le sujet d'examen soit posé, pour la première fois, par Jean-Etienne Bertin. J'y obtiens un très bon résultat. Fort de ce succès et encouragé par Jack Lescot et Michel Paugam, je postule à un poste d'assistant. J'ai la chance que ce soit une commission de spécialistes et non le "mandarin local" qui fasse le choix. Alors je ne peux m'enpêcher d'écrire :

Vive Mai 1968 ! ! !

J'ai une pensée tout émue pour Jean-Etienne Bertin qui a été mon directeur de thèse et qui est malheureusement décédé accidentellement après la soutenance en 1978.

Je voudrais aussi évoquer Mme et M. Autret, mes instituteurs au Mesnil-Opac dans la Manche qui m'ont encouragé à faire des études.

Je ne peux m'empêcher de terminer cette page sans avoir une pensée pour mes parents. D'abord, mon papa, ce basque immigré en Normandie pour gagner sa vie et subvenir aux besoins de sa mère et de ses jeunes frère et soeur, qui savait lire, écrire et compter bien qu'il n'eût fréquenté que très rarement l'école ; malgré ses très maigres moyens financiers, il ne s'est jamais opposé à la poursuite d'études de ses quatre enfants. Enfin, ma maman, orpheline à 13 ans, mais avec son certificat d'études, qui s'est toujours démenée pour faire les démarches nécessaires pour nos études. En ce 13 novembre 2008 elle aurait fêté ses 95 ans. Ils auraient été très fiers tous les deux.

Table des matières

Introduction

Mon travail de recherche de ces dernières années a porté essentiellement sur l'étude des anneaux (commutatifs) arithmétiques et plus particulièrement sur les anneaux de valuation. Dans cette introduction je fais une présentation de tous ces résultats, mais, dans les chapitres qui suivent je me limite aux anneaux de valuation.

J'ai commencé par m'intéresser aux anneaux à type de module borné, c'est-à-dire, les anneaux pour lesquels il existe un entier n tel que tout module de type fini soit une somme directe de modules engendrés par au plus n éléments. J'ai obtenu une résolution complète de ce problème dans le cas local. Cela a fait l'objet de 3 publications. En adaptant une méthode de Paolo Zanardo ([**42**]), dans [**7**], je montre que si l'idéal maximal est de type fini, alors l'anneau est de valuation presque maximal, c'est à dire que $n = 1$. Dans [**8**], je me passe de cette hypothèse et j'obtiens des résultats plus généraux qui permettent de réduire l'étude du problème au cas où l'anneau de valuation est archimédien. Dans [**12**], j'établis un résultat sur les modules uniformes qui résout le problème d'une façon définitive lorsque l'anneau est local, à savoir : tout anneau local à type de module borné est un anneau de valuation presque maximal et donc $n = 1$. Ce travail est exposé au chapitre 6, avec quelques petites modifications par rapport aux articles cités ci-dessus. Ces modifications prennent en compte des résultats plus récents qu'on peut trouver dans les chapitres 2, 3 et 4.

Le dernier résultat sur les modules uniformes m'a permis de résoudre un autre problème : caractériser les anneaux de valuation intègres R qui admettent une extension immédiate maximale de rang fini. Je montre qu'ils sont presque maximaux par étage, c'est à dire qu'il existe une suite finie décroissante d'idéaux premiers (L_k) tels que R_{L_k}/L_{k+1} soit presque maximal. Comme l'a montré Peter Vámos ([**39**]), ceci est nécessaire pour la caractérisation des anneaux de valuation intègres pour lesquels il existe un entier m vérifiant que tout module sans torsion de rang fini soit une somme directe de sous-modules de rang au plus m. Là aussi j'ai obtenu quelques résultats significatifs lorsque l'anneau est presque maximal, en adaptant le travail de E. Lady lorsque R est discret de rang 1 ([**29**]). On montre que $m \leq 3$. Ce travail fait l'objet d'un article qui est actuellement soumis. J'ai exposé ces travaux à Brixen en Italie en septembre 2007, alors que j'étais invité par des collègues des universités de Rome, Udine et Padoue.

D'autres travaux ont été utiles à la résolution de ces problèmes. En particulier, dans [**9**] il est montré que sur un anneau de valuation dont le spectre premier est dénombrable, tout module unisériel est de type dénombrable. De plus on étend à tous les anneaux de valuation un critère de presque maximalité d'Eben Matlis ([**32**]) : un anneau de valuation est presque maximal si est seulement si tout module monogène de présentation finie a une enveloppe injective unisérielle. Une étude des anneaux de valuation pour lesquels les modules FP-injectifs sont finiment injectifs est faite avec au moins le résultat suivant : ces anneaux sont presque maximaux. Dans cet article on fait une étude approfondie des anneaux de valuation pour lesquels tout module injectif est plat. Ces résultats sont exposés dans les chapitres 2 et 3.

Les résultats obtenus dans [**11**] peuvent être utiles pour caractériser les anneaux à type de module borné dans le cas global. On y montre que les anneaux pour lesquels tout module de type fini a une "unique" RD-suite de composition dont les quotients sont monogènes et indécomposables, sont exactement les CF-anneaux introduits par T. Shores et R. Wiegand ([**37**]). Si on suppose que les localisés en les idéaux maximaux sont presque maximaux, alors on obtient les anneaux pour lesquels les modules de type fini sont sommes directes de modules monogènes. Il est également montré que sur un CF-anneau, un module de type fini a sa dimension de Goldie égale à la longueur de toutes ses RD-suites de composition si et seulement si il est une somme directe de modules monogènes.

Pour les autres résultats sur les anneaux arithmétiques, voici un bref résumé du contenu de chaque article :

-Dans [**10**], on montre que les anneaux arithmétiques ont une λ-dimension ≤ 3, et pour certaines sous-classes cette λ-dimension est ≤ 2. On résout aussi un problème posé par Henriksen : tout anneau de Bézout à spectre minimal compact est un anneau d'Hermite.

-Dans [**13**] on montre que sur un anneau de valuation R, la localisation en un idéal premier P préserve l'injectivité pour les modules, sauf si P est l'ensemble des diviseurs de zéro de R, s'il n'est pas maximal et s'il n'est pas plat. On en déduit que, sur un anneau intègre de Prüfer h-semilocal, le localisé, par rapport à une partie multiplicative, d'un module injectif est injectif. Ce travail est exposé au chapitre 5.

-Dans [**14**] on étend à tous les anneaux de valuation les résultats sur les enveloppes pure-injectives des modules unisériels, de type fini ou polysériels, obtenus par R. B. Warfield ([**41**]) ou par L. Fuchs et L. Salce ([**25**]) dans le cas intègre, en utilisant l'enveloppe pur-injective de l'anneau et ses propriétés. C'est exposé en détail au chapitre 4.

-Dans [**18**] on montre qu'un anneau est propre (tout élément est somme d'un idempotent et d'un élément inversible) si et seulement si R est un anneau de Gelfand et si l'ensemble des idéaux maximaux est compact et totalement discontinu pour la topologie de Zariski. De plus si tout R-module indécomposable a son anneau d'endomorphismes local, alors R est propre et ses localisés en ses idéaux maximaux sont des anneaux de valuation. On montre que les anneaux pour lesquels les modules indécomposables vérifient une condition de finitude (de type fini, de type cofini, noethérien, artinien, de longueur finie, etc...) sont les anneaux de dimension de Krull nulle avec un radical de Jacobson T-nilpotent. En outre, dans [20], on montre qu'un anneau arithmétique R a ses anneaux de matrices fortement propres (tout élément est somme d'un idempotent et d'un élément inversible qui commutent) si et seulement si ses localisés en ses idéaux maximaux sont henséliens.

-Dans [16] on étend aux anneaux commutatifs semihéréditaires les résultats sur les modules de présentation finie obtenus par Brewer, Katz, Klinger, Levy et Ullery sur les anneaux de Prüfer intègres ([3], [2] et [31]). En particulier tout module de présentation finie sur un anneau héréditaire est somme directe de modules engendrés par au plus 2 éléments, ce qui généralise un vieux résultat sur les anneaux de Dedekind. J'avais présenté ce travail à Cortona en Italie, en juin 2004, invité par des collègues des universités de Rome, Udine et Padoue.

-Dans [19] on étudie les anneaux de valuation intègres R pour lesquels les produits de modules libres sont séparables. Si les localisés de R sont de type dénombrable, une condition nécessaire et suffisante est que R_J soit maximal, où J est l'intersection de toutes les puissances de l'idéal maximal.

-Dans [17], on étudie les modules simplement, finiment ou localement projectifs sur les anneaux de valuation. On obtient que tout module simplement projectif (respectivement plat) sur un anneau de valuation R, est finiment projectif si et seulement si R a son anneau de fractions maximal (respectivement artinien). Des conditions nécessaires et suffisantes sont données pour qu'un anneau de valuation soit fortement cohérent ou π-cohérent.

-Enfin [15] est consacré à des anneaux qui ne sont pas nécessairement arithmétiques. On y introduit les notions de RD-platitude et de RD-coplatitude, ce qui permet de caractériser les anneaux commutatifs pour lesquels tous les modules artiniens sont RD-injectifs. On montre aussi qu'un anneau commutatif est parfait (respectivement produit d'un anneau pur semi-simple avec un anneau fini) si et seulement si tout module RD-plat est RD-projectif (respectivement tout module RD-coplat est RD-injectif).

CHAPITRE 1

Préliminaires et définitions

1. Anneaux de valuation

On dit qu'un module M sur un anneau R est *unisériel* si l'ensemble de ses sous-modules est totalement ordonné pour l'inclusion. On dit que R est un *anneau de valuation* si R est un module unisériel sur lui-même. Dans la suite, lorsque R est un anneau de valuation, on note par P son idéal maximal, par Z l'ensemble de ses diviseurs de zéro, qui est un idéal premier, et par $Q = R_Z$ son anneau de fractions.

LEMME 1.1. *Soient R un anneau de valuation, M un R-module, $r \in R$ et $y \in M$ tel que $ry \neq 0$. Alors :*

(1) $(0 : y) = r(0 : ry)$;

(2) *si $(0 : y) \neq 0$ alors $(0 : y)$ est de type fini si et seulement si $(0 : ry)$ l'est aussi.*

DÉMONSTRATION. Il est clair que $r(0 : ry) \subseteq (0 : y)$. Soit a appartenant à $(0 : y)$. Puisque $ry \neq 0$, $(0 : y) \subset rR$. D'où il existe $t \in R$ tel que $a = rt$ et on vérifie facilement que $t \in (0 : ry)$. La seconde affirmation est une conséquence immédiate de la première. $\square$

Ce lemme est similaire à [**25**, Lemma II.2.1].

LEMME 1.2. *Soient R un anneau local, P son idéal maximal, U un R-module unisériel, $r \in R$, et $x, y \in U$. Alors :*

(1) *si $rx = ry \neq 0$. alors $Rx = Ry$;*

(2) *si $R(x + y) \subset Rx \cup Ry$ alors $Rx = Ry$.*

DÉMONSTRATION. On peut supposer que $x = ty$ avec $t \in R$. Il s'ensuit que $(1 - t)ry = 0$ (respectivement $x + y = (t + 1)y$). Puisque $ry \neq 0$ (respectivement $R(x + y) \subset Ry$), on en déduit que t est inversible. $\square$

LEMME 1.3. *Soit R anneau de valuation et A un idéal propre de R. Alors $A \neq \cap_{r \notin A} Rr$ si et seulement si il existe $t \in R$ tel que $A = Pt$ et $\cap_{r \notin A} Rr = Rt$.*

DÉMONSTRATION. Soit $t \in \cap_{r \notin A} Rr \setminus A$. Alors il est facile de voir que $Rt = \cap_{r \notin A} Rr$ et on en déduit que $A = Pt$. $\square$

LEMME 1.4. *Soient R un anneau de valuation, I un idéal propre non nul de R et $p \in P$. Alors :*

(1) $pI = I$ *si est seulement si* $(I : p) = I$;

(2) $\forall r \in P$, $pI \neq I$ *et* $rI \neq 0$ *implique* $prI \neq rI$;

(3) *si* $pI = I$ *alors :*

    i) $\forall n \in \mathbb{N}$, $p^n I = I$ *et* $(I : p^n) = I$;

    ii) $\forall a \in I$, $p(Ra : I) = (Ra : I)$

    iii) $\forall a \in I$, *si* $p^m a \neq 0$ *alors* $(Ra : I) = (Rap^m : I)$.

DÉMONSTRATION. (1). Supposons que $pI = I$. Soit $r \in (I : p)$. Si $rp = 0$, de $pI \neq 0$ on déduit que $(0 : p) \subset I$ et $r \in I$. Si $rp \neq 0$ alors $rp = tp$ avec $t \in I$, d'où on obtient $Rt = Rr$ et $r \in I$.

Supposons que $(I : p) = I$. Alors $p \notin I$ d'où $\forall r \in I$ $\exists t \in P$ tel que $r = pt$. On obtient $t \in (I : p) = I$.

(2). Si $prI = rI$ alors $\forall a \in I$, $\exists b \in I$ tel que $rpb = ra$. Si $ra = 0$, on a $a \in (0 : r) \subset pI$ car $rI \neq 0$. Si $ra \neq 0$, on obtient $Ra = Rpb \subset pI$.

(3)*i)* est évident.

(3)*ii)*. Soit $r \in \big((Ra : I) : p\big)$. Alors $prI \subseteq Ra$ et $rI \subseteq Ra$. Donc $\big((Ra : I) : p\big) = (Ra : I)$ et en utilisant 1) on a $p(Ra : I) = (Ra : I)$.

(3)*iii)*. Il est évident que $(Rp^m a : I) \subseteq (Ra : I)$. Si $b \in (Ra : I)$, alors $bI \subseteq Ra$. Donc $bp^m I \subseteq Rp^m a$ et $b \in (Rp^m a : I)$ car $p^m I = I$. $\qquad\square$

Comme dans [**25**, p.338], pour tout module non nul M sur un anneau de valuation R on pose

$$M^\sharp = \{s \in R \mid sM \neq M\}.$$

Lorsque A est un idéal propre non nul de R, on a, d'après le lemme 1.4,

$$A^\sharp = \{s \in R \mid (A : s) \neq A\}.$$

Alors $A^\sharp / A$ est l'ensemble des diviseurs de zéro de R/A. En particulier $0^\sharp = Z$.

LEMME 1.5. *Soient* R *un anneau de valuation,* A *un idéal propre de* R *et* $t \in R \setminus A$. *Alors* $A^\sharp = (A : t)^\sharp$.

DÉMONSTRATION. Si $t \notin A^\sharp$ le résultat est évident. On peut donc supposer que $t \in A^\sharp$. Soit $a \in (A : t)^\sharp$. Si $a \in (A : t)$ alors $a \in A^\sharp$. Si $a \notin (A : t)$, il existe $c \notin (A : t)$ tel que $ac \in (A : t)$. Il s'ensuit que $act \in A$ et $ct \notin A$, d'où $a \in A^\sharp$. Réciproquement soit $a \in A^\sharp$. Il existe $c \notin A$ tel que $ac \in A$. Si $a \in (A : t)$ alors $a \in (A : t)^\sharp$. Si $a \notin (A : t)$ alors $at \notin A$. Puisque $ac \in A$, on a $c = bt$ pour un $b \in P$. Puisque $c \notin A$ il s'ensuit que $b \notin (A : t)$. De $abt \in A$ on déduit successivement que $ab \in (A : t)$ et $a \in (A : t)^\sharp$. $\qquad\square$

On dit qu'un module est *uniforme* si l'intersection de deux sous-modules non nuls quelconques est non nulle. Par exemple tout module injectif indécomposable est uniforme.

Soit U un module uniforme sur un anneau de valuation R. On sait que, si x et y sont des éléments non nuls de U tels que $(0 : x) \subseteq (0 : y)$ alors il existe $t \in R$ tel que $(0 : y) = ((0 : x) : t)$: voir [**33**]. Comme dans [**25**, p.144], on pose

$$U_\sharp = \{s \in R \mid \exists u \in U, u \neq 0 \text{ et } su = 0\}.$$

Alors $U_\sharp$ est un idéal premier et on a le lemme suivant.

LEMME 1.6. *Soient R un anneau de valuation et U un R-module uniforme. Alors, pour tout élément non nul u de U, $U_\sharp = (0 : u)^\sharp$.*

DÉMONSTRATION. On pose $A = (0 : u)$. Soit $s \in A^\sharp$. Il existe $t \in (A : s)$ tel que $tu \neq 0$. On a $stu = 0$, d'où $s \in U_\sharp$. Réciproquement soit $s \in U_\sharp$. Il existe $0 \neq x \in U$ tel que $s \in (0 : x) \subseteq (0 : x)^\sharp = A^\sharp$. On a la dernière égalité d'après le lemme 1.5.   □

2. Auto-FP-injectivité

Un R-module E est dit *FP-injectif* (ou *absolument pur*) si, pour tout R-module F de présentation finie, $\text{Ext}_R^1(F, E) = 0$,. Un anneau R est dit *auto-FP-injectif* s'il est FP-injectif en tant que R-module. Une suite exacte $0 \to F \to E \to G \to 0$ est *pure* si elle reste exacte quand on la tensorise avec un R-module quelconque. Dans ce cas on dit que F est sous-module *pur* de E. Rappelons qu'un module E est FP-injectif si et seulement si c'est un sous-module pur de tout surmodule ([**38**]). On dit que F est sous-module *relativement divisible* de E si $rE \cap F = rF$, $\forall r \in R$. Tout module de présentation finie sur un anneau de valuation est une somme directe finie de sous-modules monogènes d'après [**40**, Theorem 1]. Par conséquent, sur un anneau de valuation, un sous-module est pur si et seulement si il est relativement divisible.

On sait d'après [**26**, Lemma 3] que les deux conditions suivantes sont équivalentes pour un anneau de valuation R :

(1) tout élément non inversible est diviseur de 0.

(2) $\forall a \in R$ on a $(0 : (0 : a)) = Ra$.

PROPOSITION 1.7. *Soit R un anneau de valuation vérifiant les conditions* (1) *et* (2). *Alors on a :*
   (i) si I est un idéal de R tel que $I \neq (0 : (0 : I))$ il existe $a \in R$ tel que $Ra = (0 : (0 : I))$ et $I = Pa$;
   (ii) si P est non fidèle alors pour tout idéal I on a $I = (0 : (0 : I))$;
   (iii) R est un anneau auto-FP-injectif.

DÉMONSTRATION. (i) Voir [**28**, Proposition 1.3].
   (ii) d'après (i) il suffit de montrer que $\forall a \in P$ $(0 : a) \neq (0 : Pa)$. Soit Rs l'idéal minimal de R. Alors $\exists b \in P$ tel que $s = ab$. D'où $b \notin (0 : a)$ et $b \in (0 : Pa)$.
   (iii) Voir [**6**, Théorème 2.8].   □

Si I est un idéal de R, on dit qu'il est *archimédien* if $I^\sharp = P$. Dans ce cas P/I est l'ensemble des diviseurs de 0 de R/I. Donc :

PROPOSITION 1.8. *Soient R un anneau de valuation et I un idéal propre. Alors I est archimédien si et seulement si R/I est auto-FP-injectif.*

3. Pure-injectivité et maximalité

On dit qu'un anneau R est *linéairement compact* (pour la topologie discrète) si toute famille $(r_i + A_i)_{i \in I}$, où $\forall i \in I$, $r_i \in R$ et A_i est un idéal de R, ayant la propriété d'intersection finie, a une intersection non vide. Si R est un anneau de valuation, on dit qu'il est *maximal* s'il est linéairement compact et on dit qu'il est *presque maximal* si R/A est maximal pout tout idéal propre non nul A.

Un R-module F est *pur-injectif* si pour toute suite exacte pure

$$0 \to N \to M \to L \to 0$$

de R-modules, la suite suivante

$$0 \to \operatorname{Hom}_R(L, F) \to \operatorname{Hom}_R(M, F) \to \operatorname{Hom}_R(N, F) \to 0$$

est exacte. Un R-module B est une *extension pure-essentielle* d'un sous-module A si A est un sous-module pur de B et, si pour tout sous-module K de B, soit $K \cap A \neq 0$, soit $K \cap A = 0$ et $(A + K)/K$ n'est pas un sous-module pur de B/K. On dit que B est une *enveloppe pure-injective* de A si B est pur-injectif et une extension pure-essentielle de A. D'après [41] ou [25, chapter XIII] tout R-module M a une enveloppe pure-injective et deux enveloppes pure-injectives quelconques de M sont isomorphes.

CHAPITRE 2

Sur les anneaux de valuation qui sont des IF-anneaux

Dans ce chapitre on présente des résultats parus dans [**9**]. C'est pratiquement la traduction de la deuxième section de cet article.

1. Caractérisation des anneaux de valuation qui sont des IF-anneaux

On commence par donner quelques résultats sur les modules injectifs indécomposables sur un anneau de valuation. Dans la suite, si R est un anneau de valuation, on pose $E = E(R)$, $H = E(R/Z)$ et $F = E(R/Rr)$ pour tout $r \in P$, $r \neq 0$. Rappelons que, si r et s sont des éléments non nuls de P, alors $E(R/Rr) \cong E(R/Rs)$, (voir [**33**]).

PROPOSITION 2.1. *Les propriétés suivantes sont vérifiées pour tout anneau de valuation R :*

(1) *les modules E et H sont plats ;*

(2) *les modules E et H sont isomorphes si et seulement si Z n'est pas fidèle.*

DÉMONSTRATION. On suppose d'abord que $Z = P$, et par conséquent R est FP-injectif. Soient $x \in E$, $x \neq 0$, et $r \in R$ tels que $rx = 0$. Il existe $a \in R$ tel que $ax \in R$ et $ax \neq 0$. Alors $(0 : a) \subseteq (0 : ax)$, d'où il existe $d \in R$ tel que $ax = ad$. D'après le lemme 1.1 $(0 : d) = (0 : x)$, et on en déduit qu'il existe $y \in E$ tel que $x = dy$. Il s'ensuit que $r \otimes x = rd \otimes y = 0$. Donc E est plat. Maintenant si $Z \neq P$, alors $E \cong E_Q(Q)$. Par conséquent E est plat sur Q et R.

Étant donné que Q est auto-FP-injectif, $E_Q(Q/Z) \cong H$ est plat d'après [**6**, Théorème 2.8].

Si Z n'est pas fidèle, il existe $a \in Z$ tel que $Z = (0 : a)$. On en déduit que $H \cong E(Ra) = E$. $\qquad\square$

On dit qu'un module G est *finiment injectif* si pour tout sous-module A d'un module arbitraire B tout homomorphisme $\phi : A \to G$ se prolonge à B.

On établit que E et F sont générateurs de la catégorie des R-modules finiment injectifs . Plus précisément :

PROPOSITION 2.2. *Soient R un anneau de valuation et G un module finiment injectif. Alors il existe une suite exacte pure :*

$$0 \to K \to I \to G \to 0,$$

telle que I soit somme directe de sous-modules isomorphes à E ou F.

DÉMONSTRATION. Il existe un épimorphisme $\varphi : L = \oplus_{\lambda \in \Lambda} R_\lambda \to G$, où Λ est un ensemble et $R_\lambda = R$, $\forall \lambda \in \Lambda$. Soit $u_\mu : R_\mu \to L$ le monomorphisme canonique. Pour tout $\mu \in \Lambda$, $\varphi \circ u_\mu$ peut se prolonger à $\psi_\mu : E_\mu \to G$, où $E_\mu = E, \forall \mu \in \Lambda$. On note $\psi : \oplus_{\mu \in \Lambda} E_\mu \to G$, l'épimorphisme défini par la famille $(\psi_\mu)_{\mu \in \Lambda}$. On pose $\Delta = \mathrm{Hom}_R(F, G)$ et $\rho : F^{(\Delta)} \to G$ le morphisme défini par les éléments de Δ. Alors ψ et ρ induisent un épimorphisme $\phi : I = E^{(\Lambda)} \oplus F^{(\Delta)} \to G$. Puisque, pour tout $r \in P, r \neq 0$, chaque morphisme $g : R/Rr \to G$ peut se prolonger à $F \to G$, il s'ensuit que $K = \ker \phi$ est un pur sous-module de I.   □

Rappelons que R est *cohérent* si tout idéal de type fini de R est de présentation finie. Comme dans [**4**] on dit que R est un *IF-anneau* si tout R-module injectif est plat. Des propositions 2.1 et 2.2 on déduit des conditions nécessaires et suffisantes pour qu'un anneau de valuation soit un IF-anneau.

THÉORÈME 2.3. *Soit R un anneau de valuation qui n'est pas un corps. Alors les conditions suivantes sont équivalentes :*

(1) *R est cohérent et auto-FP-injectif;*

(2) *R est un IF-anneau;*

(3) *F est plat*

(4) *$F \cong E$*

(5) *P n'est pas un R-module plat;*

(6) *il existe $r \in R, r \neq 0$, tel que $(0 : r)$ soit un idéal principal non nul.*

DÉMONSTRATION. (1) $\Rightarrow$ (4). D'après [**4**, Corollary 3], pour tout $r \in P, r \neq 0$, il existe $t \in P, t \neq 0$, tel que $(0 : t) = Rr$. Donc $R/Rr \cong Rt \subseteq R \subseteq E$. On en déduit que $F \cong E$.

(4) $\Rightarrow$ (3) est une conséquence de la proposition 2.1.

(3) $\Rightarrow$ (2). Si G est un module injectif, alors d'après la proposition 2.2 il existe une suite exacte pure $0 \to K \to I \to G \to 0$ où I est une somme directe de sous-modules isomorphes à E ou F. D'après la proposition 2.1 I est plat, d'où G l'est aussi.

(2) $\Rightarrow$ (1). Voir [**4**, Theorem 2].

(1) $\Rightarrow$ (6) est une conséquence immédiate de [**4**, Corollary 3].

(6) $\Rightarrow$ (5). On note $(0 : r) = Rt$. Si $r \otimes t = 0$ dans $Rr \otimes P$ alors, d'après [**1**, Proposition 13, p. 42], il existe s et d dans P tels que $t = ds$ et $rd = 0$. Donc $d \in (0 : r)$ et $d \notin Rt$. D'où une contradiction. Par conséquent P n'est pas plat.

(5) $\Rightarrow$ (1). Si $Z \neq P$, alors $P = \cup_{r \notin Z} Rr$, d'où P est plat. Donc $Z = P$. Si R n'est pas cohérent, il existe $r \in P$ tel que $(0 : r)$ ne soit pas de type fini. D'après le lemme 1.1 $(0 : s)$ n'est pas de type fini pour tout $s \in P, s \neq 0$. Par conséquent, si $st = 0$, il existe $p \in P$ et $a \in (0 : s)$ tels que $t = ap$. Il s'ensuit que $s \otimes t = sa \otimes p = 0$ dans $Rs \otimes P$. D'où P est plat. On obtient une contradiction.   □

Le théorème suivant permet de donner des exemples d'anneaux de valuation qui sont des IF-anneaux.

THÉORÈME 2.4. *Tout anneau de valuation R vérifie les conditions suivantes :*

(1) *pour tout $0 \neq r \in P$, R/Rr est un IF-anneau;*

(2) *pour tout idéal premier $J \subset Z$, R_J est un IF-anneau.*

DÉMONSTRATION. (1). Pour tout $a \in P \setminus Rr$ il existe $b \in P \setminus Rr$ tel que $r = ab$. On en déduit facilement que $(Rr : a) = Rb$ d'où R/Rr est un IF-anneau d'après le théorème 2.3.

(2). L'inclusion $J \subset Z$ implique qu'il existe $s \in Z \setminus J$ et $0 \neq r \in J$ tels que $sr = 0$. Si on pose $R' = R/Rr$ alors $R_J \cong R'_J$. D'après (1) et [**6**, Proposition 1.2] R_J est un IF-anneau. $\square$

2. Relation entre $E(R/P)$ et F

Les lemmes suivants sont utiles pour montrer l'importante proposition 2.7.

LEMME 2.5. *Tout anneau de valuation R vérifie l'une des conditions suivantes :*

(1) *si $Z \neq P$ alors $E = PE$.*

(2) *si $Z = P$ alors $E = R + PE$ et $E/PE \cong R/P$.*

DÉMONSTRATION. (1). Si $p \in P \setminus Z$ alors $E = pE$.

(2). Pour tout $x \in PE$, $(0 : x) \neq 0$ d'où $1 \notin PE$. Soit $x \in E \setminus R$. Il existe $r \in R$ tel que $0 \neq rx \in R$. Puisque R est auto-FP-injectif, il existe $d \in R$ tel que $rd = rx$. D'après le lemme 1.1 $(0 : d) = (0 : x)$. On en déduit que $x = dy$ pour un $y \in E$. Alors $x \in PE$ si $d \in P$. Si d est inversible, de la même façon on trouve $t, c \in R$ et $z \in E$ tels que $tc = t(x - d) \neq 0$ et $x - d = cz$. Puisque $r \in (0 : x - d) = (0 : c)$ alors $c \in P$ et $x \in R + PE$. $\square$

LEMME 2.6. *Soient R un anneau de valuation et U un R-module uniforme. Si $x, y \in U$, $x \notin Ry$ et $y \notin Rx$, alors $Rx \cap Ry$ n'est pas de type fini.*

DÉMONSTRATION. Supposons que $Rx \cap Ry = Rz$. On peut supposer qu'il existe $t \in P$ et $d \in R$ tels que $z = ty = tdx$. Il est facile de vérifier que $(Rx : y - dx) = (Rx : y) = (Rz : y) = Rt \subseteq (0 : y - dx)$. Il s'ensuit que $Rx \cap R(y - dx) = 0$. C'est en contradiction avec le fait que U soit uniforme. $\square$

PROPOSITION 2.7. *Soit R un anneau de valuation qui n'est pas un corps. Appliquons le foncteur $\mathrm{Hom}_R(-, E(R/P))$ à la suite exacte canonique*

$$(S) : 0 \to P \to R \to R/P \to 0. \text{ Alors :}$$

(1) *si R n'est pas un IF-anneau on obtient la suite exacte*

$$(S_1) : 0 \to R/P \to E(R/P) \to F \to 0,$$

$$avec \ F \cong \mathrm{Hom}_R(P, E(R/P));$$

(2) *si R est un IF-anneau on obtient la suite exacte*

$$(S_2) : 0 \to R/P \to E(R/P) \to F \to R/P \to 0,$$

$$avec\ PF \cong \operatorname{Hom}_R(P, E(R/P)).$$

DÉMONSTRATION. (1). (S) induit la suite exacte suivante :

$$0 \to R/P \to E(R/P) \to \operatorname{Hom}_R(P, E(R/P)) \to 0.$$

D'après le théorème 2.3 P est plat, d'où $\operatorname{Hom}_R(P, E(R/P))$ est injectif. Soient f et g deux éléments non nuls de $\operatorname{Hom}_R(P, E(R/P))$. Il existe x et y dans $E(R/P)$ tels que $f(p) = px$ et $g(p) = py$ pour tout $p \in P$. Soit Rv le sous-module minimal non nul de $E(R/P)$. D'après le lemme 2.6 il existe $z \in (Rx \cap Ry) \setminus Rv$. Alors l'application h définie par $h(p) = pz$ pour tout $p \in P$ est non nulle et appartient à $Rf \cap Rg$. Donc $\operatorname{Hom}_R(P, E(R/P))$ est uniforme. Maintenant soit $a \in R$ tel que $af = 0$. Il s'ensuit que $Pa \subseteq (0 : x) = Pb$ pour un $b \in R$. On en déduit que $(0 : f) = Rb$. Donc $F \cong \operatorname{Hom}_R(P, E(R/P))$.

(2). D'abord on suppose que P n'est pas de type fini. On déduit de la première partie de la démonstration que $\operatorname{Hom}_R(P, E(R/P)) \subseteq F$. On garde les notations de (1). On a $(0 : f) = Rb$ et il existe $c \in P$ tel que $(0 : c) = Rb$. Par conséquent $f \in cF \subseteq PF$. Réciproquement soient $y \in PF$ et $b \in P$ tels que $(0 : y) = Rb$. Puisque $R' = R/Pb$ n'est pas un IF-anneau on déduit de (1) que

$$\operatorname{Hom}_R(P/bP, E(R/P)) \cong \{x \in F \mid bP \subseteq (0 : x)\} \cong E_{R'}(R'/rR')$$

où $0 \neq r \in P/bP$. Donc $\operatorname{Hom}_R(P, E(R/P)) = PF$. On obtient le résultat d'après le théorème 2.3 et le lemme 2.5.

Si $P = pR$ alors $E(R/P) \cong E \cong F$. La multiplication par p induit la suite exacte (S_2). $\square$

De cette proposition 2.7 on déduit des conditions nécessaires et suffisantes pour qu'un anneau de valuation soit un IF-anneau. Comme dans [**38**], la *dimension FP-injective* d'un R-module M (FP-i.d.$_R M$) est le plus petit entier $n \geq 0$ tel que $\operatorname{Ext}_R^{n+1}(N, M) = 0$ pour tout R-module de présentation finie N. La proposition suivante est utile pour obtenir ces résultats.

PROPOSITION 2.8. *Soit U un module uniforme et FP-injectif sur un anneau de valuation R. On suppose qu'il existe un élément non nul x de U tel que $Z = (0 : x)$. Alors :*

(1) *U est un Q-module ;*

(2) *pour tout R-sous-module propre A de Q, U/Ax est fidèle et FP-injectif.*

DÉMONSTRATION. (1). Pour tout $0 \neq y \in U$, $(0 : y) = sZ$ ou $(0 : y) = (Z : s) = Z$ (voir [**33**]). Donc $(0 : y) \subseteq Z$. Si $s \in R \setminus Z$ alors la multiplication par s dans U est injective. Puisque U est FP-injectif, cette multiplication est bijective.

(2). Si $R \subseteq A$ il existe $s \in R \setminus Z$ tel que $sA \subset R$ et il existe $y \in U$ tel que $x = sy$. Alors $Ax = Asy$ et $(0 : y) = Z$. Par conséquent on peut supposer que $A \subset R$, après éventuellement avoir remplacé A par As et x par y. Soit $t \in R$. Puisque $(0 : t) \subseteq Z$ il existe $z \in U$ tel que $x = tz$. Donc $0 \neq x + Ax = t(z + Ax)$ d'où U/Ax est fidèle. Soient $t \in R$ et $y \in U$ tels que $(0 : t) \subseteq (0 : y + Ax)$. Alors $(0 : t)y \subseteq Ax \subset Qx$. Il est facile de vérifier que $(0 : t)$ est un idéal de Q. Puisque Qx est le Q-sous-module minimal non nul de U on obtient que $(0 : t) \subseteq (0 : y)$. Puisque U est FP-injectif on conclut que U/Ax l'est aussi. $\qquad\square$

COROLLAIRE 2.9. *Soit R un anneau de valuation. Alors les conditions suivantes sont équivalentes :*

(1) *R n'est pas un IF-anneau.*

(2) *i.d.$_R R/P = 1$.*

(3) *FP-i.d.$_R R/Z = 1$.*

DÉMONSTRATION. $(1) \Leftrightarrow (2)$. C'est une conséquence immédiate de la proposition 2.7.

$(1) \Leftrightarrow (3)$. Si R est un IF-anneau alors $Z = P$ et FP-i.d.$_R R/Z > 1$ d'après la proposition 2.7. Supposons que R ne soit pas un IF-anneau et que $Z \neq P$. Soit $x \in H$ tel que $Z = (0 : x)$. D'après la proposition 2.8 H/Rx est FP-injectif. Il s'ensuit que FP-i.d.$_R R/Z = 1$. $\qquad\square$

La proposition 2.7 permet de généraliser des résultats bien connus dans le cas où R est intègre. Le théorème suivant est une généralisation de la première partie de [**32**, Theorem 4].

THÉORÈME 2.10. *Soit R un anneau de valuation. Alors R est presque maximal si et seulement si F est unisériel.*

DÉMONSTRATION. D'après [**26**, Theorem] F est unisériel si R est presque maximal. Réciproquement si F est unisériel, en utilisant la suite exacte (S_1) ou (S_2) de la proposition 2.7, il est facile de montrer que $E(R/P)$ est unisériel. On conclut en utilisant [**26**, Theorem]. $\qquad\square$

Ces deux propositions seront utilisées dans les chapitres suivants.

PROPOSITION 2.11. *Soient R un anneau de valuation et U un module uniforme FP-injectif. On suppose que $U_\sharp = Z = P$. Alors :*

(1) *U est fidèle si P est de type fini ou fidèle ;*

(2) *si P n'est ni fidèle ni de type fini alors $\operatorname{ann}(U) = (0 : P)$ si $E(U) \not\cong E(R/P)$ et U est fidèle si $E(U) \cong E(R/P)$.*

DÉMONSTRATION. Si $E(U) \cong E(R/P)$, soit u un élément de U tel que $(0 : u) = P$. Alors pour tout $0 \neq t \in P$, $(0 : t) \subseteq P$. Donc il existe $z \in U$ tel que $tz = u \neq 0$. Par conséquent U est fidèle. On suppose dans la suite que $E(U) \not\cong E(R/P)$.

(1). D'abord on suppose que $P = Rp$. Alors, pour tout idéal A qui n'est pas de type fini, il est facile de vérifier que $A = (A : p)$. Par conséquent, pour tout $u \in U$, $(0 : u)$ est principal d'après le lemme 1.6, d'où $E(U) \cong E$. Maintenant on suppose que P est fidèle. Alors P n'est pas de type fini. Pour un $0 \neq u \in U$ on pose $A = (0 : u)$. Soit $0 \neq t \in P$. Alors $(0 : t) \subset P$. L'égalité $A^\sharp = P$ implique qu'il existe $s \in P \setminus A$ tel que $(0 : t) \subset (A : s)$. On a $su \neq 0$ et $(0 : su) = (A : s)$. On en déduit qu'il existe $z \in U$ tel que $tz = su \neq 0$.

(2). On garde les notations de (1). Si $t \notin (0 : P)$ on montre comme dans la première partie de la démonstration qu'il existe $z \in U$ tel que $tz \neq 0$. D'autre part, pour tout $s \notin (0 : A)$, $(0 : P) \subseteq sA$. Donc $\mathrm{ann}(U) = (0 : P)$. $\qquad \square$

PROPOSITION 2.12. *Soient R un anneau de valuation qui soit un IF-anneau et V un R-module unisériel tel que, pour tout $x \in V \setminus \{0\}$ $(0 : x)$ ne soit pas de type fini. Alors V est FP-injectif si et seulement si V est fidèle.*

DÉMONSTRATION. Supposons V fidèle. Soient $s \in R$ et $x \in V$ tels que $(0 : s) \subseteq (0 : x)$. On va montrer que $x \in sV$. Puisque R est cohérent $(0 : s)$ est principal, d'où on a $(0 : s) \subset (0 : x)$. Donc $s(0 : x) \neq 0$. Aussi, il existe $u \in V$ tel que $(0 : u) \subset s(0 : x) \subseteq (0 : x)$ car V est fidèle et unisériel. Donc $x \in Ru$ et il existe $r \in R$ tel que $x = ru$. D'après le lemme 1.1 $(0 : u) = r(0 : x)$. On en déduit que $r(0 : x) \subset s(0 : x)$. D'où $r \in Rs$. On obtient $x = sau$ avec $a \in R$.

Réciproquement, supposons V FP-injectif. Puisque R est cohérent P est de type fini ou fidèle et V est fidèle d'après la proposition 2.11. $\qquad \square$

CHAPITRE 3

Modules unisériels de type dénombrable

Dans ce chapitre on présente des résultats parus aussi dans [**9**]. C'est pratiquement une traduction de la quatrième section de cet article. Cependant certains résultats sont légèrement améliorés et étaient déjà annoncés dans [**12**] et [**14**].

Dans ce chapitre on garde les mêmes notations que dans le chapitre 2.

D'abord quelques lemmes qui vont être utiles dans la suite.

On dit qu'un R-module M est de *type cofini* (respectivement *codénombrable*) si M est un sous-module d'un produit fini (respectivement dénombrable) d'enveloppes injectives de modules simples.

LEMME 3.1. *Soient R anneau de valuation et A un idéal propre de R. On suppose que R/A n'est pas de type cofini. Alors les conditions suivantes sont équivalentes :*

(1) *toute famille $\mathcal{F}$ d'idéaux contenant proprement A et telle que $A = \cap_{I \in \mathcal{F}} I$ contient une sous-famille dénombrable $(I_n)_{n \in \mathbb{N}}$ d'idéaux de R vérifiant $I_{n+1} \subset I_n, \forall n \in \mathbb{N}$ et $A = \cap_{n \in \mathbb{N}} I_n$;*

(2) *il existe une famille dénombrable $(a_n)_{n \in \mathbb{N}}$ d'éléments de R vérifiant $A \subset Ra_{n+1} \subset Ra_n, \forall n \in \mathbb{N}$ et $A = \cap_{n \in \mathbb{N}} Ra_n$;*

(3) *R/A est de type codénombrable.*

DÉMONSTRATION. Si nous prenons $a_n \in I_n \backslash I_{n+1}, \forall n \in \mathbb{N}$, alors $A = \cap_{n \in \mathbb{N}} Ra_n$. Par conséquent $(1) \Rightarrow (2)$.

Il est évident que $A = \cap_{n \in \mathbb{N}} Ra_n$ si et seulement si $A = \cap_{n \in \mathbb{N}} Pa_n$, et cette dernière condition est équivalente à :

$$R/A \text{ est un sous-module de } \prod_{n \in \mathbb{N}} (R/Pa_n) \subseteq E(R/P)^{\mathbb{N}}.$$

Donc les conditions (2) et (3) sont équivalentes.

Pour $(2) \Rightarrow (1)$ on construit une suite $(I_n)_{n \in \mathbb{N}}$ de $\mathcal{F}$ de la façon suivante : on choisit $I_0 \in \mathcal{F}$ tel que $a_0 \notin I_0$ et $\forall n \in \mathbb{N}$ on choisit $I_{n+1} \in \mathcal{F}$ tel que $I_{n+1} \subset Ra_n \cap I_n$. $\qquad \square$

LEMME 3.2. *Soit R un anneau (non nécessairement commutatif). Alors les conditions suivantes sont équivalentes :*

(1) *tout R-module à gauche monogène est de type codénombrable ;*

(2) *tout R-module à gauche de type fini est de type codénombrable.*

DÉMONSTRATION. Seulement $(1) \Rightarrow (2)$ a besoin d'être montré. Soit M un R-module à gauche engendré par $\{x_k \mid 1 \leq k \leq p\}$. On fait une récurrence sur p. Soit N le sous-module de M engendré par $\{x_k \mid 1 \leq k \leq p-1\}$. L'hypothèse de récurrence implique que N est un sous-module de G et M/N un sous-module de I, où G et I sont produits d'une famille dénombrable d'enveloppes injectives de R-modules à gauche simples. L'inclusion $N \to G$ se prolonge à un morphisme $\phi : M \to G$. Soit φ le morphisme composé $M \to M/N \to I$. On définit $\lambda : M \to G \oplus I$ par $\lambda(x) = (\phi(x), \varphi(x))$ pour tout $x \in M$. Il est facile de montrer que λ est un monomorphisme et ensuite de conclure. $\qquad \square$

PROPOSITION 3.3. *Soit R un anneau de valuation tel que $Z = P$. Les conditions suivantes sont équivalentes :*

(1) *R et $R/(0 : P)$ sont de type codénombrable ;*

(2) *P est de type dénombrable ;*

(3) *tout R-module injectif indécomposable U tel que $U_\sharp = P$ contient un sous-module pur unisériel de type dénombrable.*

De plus, quand ces conditions sont satisfaites, tout idéal A tel que $A^\sharp = P$ est de type dénombrable et R/A est de type codénombrable.

DÉMONSTRATION. $(1) \Rightarrow (2)$. On peut supposer que P n'est pas de type fini. Si $(0 : P) = \cap_{n \in \mathbb{N}} Rs_n$, où $s_n \notin (0 : P)$ et $s_n \notin Rs_{n+1}$, $\forall n \in \mathbb{N}$, alors, en utilisant [**28**, Proposition 1.3], il est facile de montrer que $P = \cup_{n \in \mathbb{N}}(0 : s_n)$. Puisque $(0 : s_n) \subset (0 : s_{n+1})$, $\forall n \in \mathbb{N}$, on en déduit que P est de type dénombrable.

$(2) \Rightarrow (1)$. On suppose d'abord que P est principal. Alors $(0 : P)$ est le sous-module minimal non nul de R, et $(0 : P^2)/(0 : P)$ est le sous-module minimal non nul de $R/(0 : P)$. Donc R et $R/(0 : P)$ sont de type cofini. Maintenant on suppose que $P = \cup_{n \in \mathbb{N}} Rt_n$ où $t_{n+1} \notin Rt_n$ pour tout $n \in \mathbb{N}$. Comme ci-dessus on obtient que $(0 : P) = \cap_{n \in \mathbb{N}}(0 : t_n)$. Puisque $(0 : t_{n+1}) \subset (0 : t_n)$ pour tout $n \in \mathbb{N}$ il s'ensuit que $R/(0 : P)$ est de type codénombrable. Si $(0 : P) \neq 0$ alors R est de type cofini.

$(3) \Rightarrow (1)$. Il suffit de montrer que $R/(0 : P)$ est de type codénombrable. On peut supposer que P n'est pas principal. Alors

$$E(R/(0 : P)) \cong F \ncong E(R/P) \text{ et } F_\sharp = P.$$

Soit U un sous-module pur et unisériel de F. Soit $\{x_n \mid n \in \mathbb{N}\}$ un système générateur de U tel que $x_{n+1} \notin Rx_n$ pour tout $n \in \mathbb{N}$. D'après la proposition 2.11 on a l'égalité : $(0 : P) = \cap_{n \in \mathbb{N}}(0 : x_n)$. Par conséquent $(0 : x_{n+1}) \subset (0 : x_n)$, $\forall n \in \mathbb{N}$ sinon $Rx_{n+1} = Rx_n$. Donc $R/(0 : P)$ est de type codénombrable.

$(1) \Rightarrow (3)$. Si P est principal alors un idéal A satisfait $A^\sharp = P$ si et seulement si A est principal (voir la démonstration de la proposition 2.11). Il s'ensuit que U contient un sous module pur isomorphe à R.

On suppose maintenant que P est fidèle. On a $\text{ann}(U) = 0$ d'après la proposition 2.11. Supposons qu'il existe $x \in U$ tel que $(0 : x) = 0$. Alors $Rx \cong R$ est un sous-module pur de U. On suppose maintenant que $(0 : x) \neq 0$, $\forall x \in U$. On pose $A = (0 : x)$ pour un $0 \neq x \in U$ et $B = (0 : A)$. Pour tout $0 \neq y \in U$ tel que $(0 : y) \subseteq A$ on a $(0 : y) = sA$ pour un $s \in R \setminus B$ d'après [**25**, Proposition IX.2.1]. Puisque U est fidèle, on a $\cap_{s \in R \setminus B} sA = 0$. D'autre part R est de type codénombrable et donc il existe une famille dénombrable $(s_n)_{n \in \mathbb{N}}$ d'éléments de $R \setminus B$ telle que $\cap_{n \in \mathbb{N}} s_n A = 0$ et $\forall n \in \mathbb{N}$, $s_{n+1} R \subset s_n R$. On pose $t_0 = 1$, $t_1 = s_1$. Pour tout entier $n \geq 1$, soit $t_{n+1} \in P$ tel que $s_n = s_{n+1} t_{n+1}$. On obtient une famille $(t_n)_{n \in \mathbb{N}}$ d'éléments de R telle que $t_0 \ldots t_n A \neq 0$, $\forall n \in \mathbb{N}$, et $\cap_{n \in \mathbb{N}} t_0 \ldots t_n A = 0$. Par récurrence sur n on construit une suite $(x_n)_{n \in \mathbb{N}}$ d'éléments de U telle que $(0 : x_n) = t_0 \ldots t_n A$, $\forall n \in \mathbb{N}$. On pose $x_0 = x$. Puisque $t_{n+1}(0 : x_n) \neq 0$ on a $(0 : t_{n+1}) \subset (0 : x_n)$. La FP-injectivité de U implique qu'il existe $x_{n+1} \in U$ tel que $x_n = t_{n+1} x_{n+1}$. D'après le lemme 1.1 on a $(0 : x_{n+1}) = t_0 \ldots t_{n+1} A$. Soit V le sous-module de U engendré par $\{x_n \mid n \in \mathbb{N}\}$. Alors V est unisériel et fidèle. Montrons que V est un sous-module pur de U. Soient $u \in U$, $a \in R$ et $v \in V$ tels que $au = v$. Il existe un entier n tel que $(0 : x_n) \subseteq (0 : u)$. Il est clair que $v \in Rx_n$. Puisque $(0 : x_n)^{\sharp} = P$, $R/(0 : x_n)$ est auto FP-injectif (proposition 1.8) et donc Rx_n est un sous-module pur de U' où U' est l'ensemble des éléments de U annulés par $(0 : x_n)$. Par conséquent il existe $w \in V$ tel que $aw = au = v$.

Supposons P non fidèle et non principal. D'après la proposition 2.11 on a $\text{ann}(U) = 0$ si $E(U) \cong E(R/P)$ ou $\text{ann}(U) = (0 : P)$ sinon. Dans le premier cas U contient un sous-module isomorphe à R, et donc c'est un sous-module pur. Dans l'autre cas on remplace R par $R/(0 : P)$ pour retrouver le cas où P est fidèle.

Maintenant on montre la dernière assertion. Si P est principal alors A l'est aussi et R/A est de type cofini. Supposons que $P = \cup_{n \in \mathbb{N}} R s_n$. Si $A = Pt$ pour un $t \in R$ alors A est de type dénombrable et R/A est de type cofini. On peut supposer que $(A : t) \subset P$ pour tout $t \in R \setminus A$. Il est clair que $A \subseteq \cap_{n \in \mathbb{N}} (A : s_n)$. Si $b \in \cap_{n \in \mathbb{N}} (A : s_n)$, alors $b \in (A : P)$ et il s'ensuit que $P \subseteq (A : b)$. Donc $b \in A$, $A = \cap_{n \in \mathbb{N}} (A : s_n)$ et R/A est de type codénombrable. Soit $s \in P \setminus (0 : A)$. On a

$$((0 : A) : s) = (0 : sA) \supset (0 : A).$$

On en déduit que $(0 : A)^{\sharp} = P$. Par conséquent $R/(0 : A)$ est de type codénombrable. Si $(0 : A) = Pt$ pour un $t \in R$, alors tA est l'idéal minimal non nul de R et en utilisant le lemme 1.2 on montre que A est principal. Si $(0 : A) = \cap_{n \in \mathbb{N}} R t_n$ alors on prouve que $A = \cup_{n \in \mathbb{N}} (0 : t_n)$, en utilisant [**28**, Proposition 1.3], quand A n'est pas principal. Donc A est de type dénombrable. $\qquad \square$

On dit qu'un anneau de valuation R est *archimédien* si son idéal maximal P est le seul idéal premier non nul. Cette propriété est équivalente à : $\forall a, b \in P, a \neq 0, \exists n \in \mathbb{N}$ tel que $b^n \in Ra$. En utilisant cette dernière condition on va montrer que P est de type dénombrable.

LEMME 3.4. *Soit R un anneau de valuation archimédien. Alors son idéal maximal P est de type dénombrable.*

DÉMONSTRATION. On peut supposer que P n'est pas de type fini. Soit $r \in P$. Alors il existe s et t dans P tels que $r = st$ et il existe $q \in P$ tel $q \notin Rs \cup Rt$. Donc, pour tout $r \in P$ il existe $q \in P$ tel que $q^2 \notin Rr$. Maintenant on considère la suite $(a_n)_{n \in \mathbb{N}}$ d'éléments de P définie de la manière suivante : on choisit un élément non nul a_0 de P et par récurrence sur n on choisit a_{n+1} tel que $a_{n+1}^2 \notin Ra_n$. On en déduit que $a_n^{2^n} \notin Ra_0$, pour tout entier $n \geq 1$. Soit $b \in P$. Il existe $p \in \mathbb{N}$ tel que $b^p \in Ra_0$. Soit n un entier tel que $2^n \geq p$. Il est facile de vérifier que $b \in Ra_n$. Alors $\{a_n \mid n \in \mathbb{N}\}$ engendre P. $\qquad\square$

En utilisant ce lemme, on déduit de la proposition 3.3 le corollaire suivant.

COROLLAIRE 3.5. *Soient R un anneau de valuation et N son nilradical. Les conditions suivantes sont équivalentes :*

(1) *pour tout idéal premier $J \subseteq Z$, J est de type dénombrable et R/J est de type codénombrable ;*

(2) *pour tout idéal premier $J \subseteq Z$ qui est la réunion de l'ensemble des idéaux premiers contenus proprement dans J il y a un sous-ensemble dénombrable dont la réunion est J, et pour tout idéal premier $J \subseteq Z$ qui est l'intersection de l'ensemble des idéaux premiers contenant proprement J il y a un sous-ensemble dénombrable dont l'intersection est J;*

(3) *tout R-module injectif indécomposable contient un sous-module pur unisériel non nul de type dénombrable.*

De plus, quand ces conditions sont vérifiées, tout idéal A de Q est de type dénombrable et Q/A est de type codénombrable.

DÉMONSTRATION. $(3) \Rightarrow (1)$. Pour tout idéal premier $J \subseteq Z$, R_J est un R-module unisériel FP-injectif. On vérifie facilement que tout sous-module unisériel et pur de $E(R_J)$ est isomorphe à R_J. Donc R_J est de type dénombrable. Il est évident que $J = \cap_{n \in \mathbb{N}} Rt_n$, où $t_n \notin J$ pour tout $n \in \mathbb{N}$ si et seulement si $\{t_n^{-1} \mid n \in \mathbb{N}\}$ engendre R_J. Donc R/J est de type codénombrable. D'après la proposition 3.3 JR_J est de type dénombrable sur R_J. On en déduit que J est de type dénombrable sur R aussi.

$(1) \Rightarrow (3)$. Soient U un R-module injectif indécomposable et $J = U_\sharp$. On suppose d'abord que $J \subseteq Z$. Puisque R/J est de type codénombrable et J de type dénombrable, R_J et JR_J sont de type dénombrable. D'après la proposition 3.3 U contient un sous-module pur de type dénombrable sur R_J et sur R aussi. Si $Z \subset J$ alors $U \cong E(R/A)$ où A est un idéal fidèle. Soient V un sous-module unisériel FP-injectif de type dénombrable de H et $x \in V$ tel que $(0 : x) = Z$. D'après la proposition 2.8 V/Ax est FP-injectif et isomorphe à un sous-module de U.

(1) $\Rightarrow$ (2). On suppose que J est la réunion des idéaux premiers contenus proprement dans J. Soit $\{a_n \mid n \in \mathbb{N}\}$ un système générateur de J tel que $a_{n+1} \notin Ra_n$ pour tout $n \in \mathbb{N}$. On considère $(I_n)_{n \in \mathbb{N}}$ une suite d'idéaux premiers contenus proprement dans J définie de la façon suivante : on choisit I_0 tel que $a_0 \in I_0$ et pour tout $n \in \mathbb{N}$ on choisit I_{n+1} tel que $Ra_{n+1} \cup I_n \subset I_{n+1}$. Alors J est la réunion de cette famille $(I_n)_{n \in \mathbb{N}}$. Maintenant si J est l'intersection des idéaux premiers contenant proprement J, on montre d'une façon similaire que J est l'intersection d'une sous-famille dénombrable de ces idéaux premiers.

(2) $\Rightarrow$ (1). D'après le lemme 3.1 on peut supposer que $V(J) \setminus \{J\}$ a un élément minimal I. Si $a \in I \setminus J$ alors $J = \cap_{n \in \mathbb{N}} Ra^n$. Il reste à prouver que J est de type dénombrable. Si $J = N$ alors R_J est archimédien. Si $J \neq N$, on peut supposer que $D(J)$ a un élément maximal I. Alors R_J/IR_J est archimédien aussi. Dans les deux cas JR_J est de type dénombrable sur R_J d'après le lemme 3.4. D'autre part R/J est de type codénombrable, d'où R_J est de type dénombrable sur R. Observons que $JR_J \cong J/0_J$, où 0_J est le noyau de l'application canonique $R \to R_J$. On en déduit que J est de type dénombrable sur R aussi.

Montrons la dernière assertion. On pose $J = A^\sharp$. Alors $J \subseteq Z$. D'après la proposition 3.3 A est de type dénombrable sur R_J. Puisque R_J est de type dénombrable sur R il s'ensuit que A est de type dénombrable sur R aussi. D'autre part, puisque R_J/AR_J est de type codénombrable, l'inclusion $Q/A \subseteq R_J/AR_J$ implique que Q/A l'est aussi, d'après le lemme 3.1. $\qquad\square$

De ce corollaire on déduit les résultats suivants :

COROLLAIRE 3.6. *Soit R un anneau de valuation. Alors les conditions suivantes sont équivalentes :*

(1) *tout R-module de type fini est de type codénombrable et tout idéal de R est de type dénombrable ;*

(2) *pour tout idéal premier J qui est la réunion de l'ensemble des idéaux premiers contenus proprement dans J il y a un sous-ensemble dénombrable dont la réunion est J, et pour tout idéal premier $J \subseteq Z$ qui est l'intersection de l'ensemble des idéaux premiers contenant proprement J il y a un sous-ensemble dénombrable dont l'intersection est J;*

(3) *tout module unisériel est de type dénombrable.*

DÉMONSTRATION. Il est évident que $(1) \Rightarrow (2)$.

$(2) \Rightarrow (1)$. Quand R satisfait la condition (D) : $Z = P$, on a le résultat d'après le corollaire 3.5. Retournons au cas général. Soient A un idéal non principal de R et $r \in A, r \neq 0$. Alors l'anneau quotient R/Rr satisfait la condition (D). Donc A est de type dénombrable et R/A est de type codénombrable. Si R est intègre, alors comme dans la preuve du corollaire 3.5 on montre que R est de type codénombrable. Si R n'est pas intègre, alors Q satisfait (D) et par conséquent Q est de type codénombrable sur Q. D'après le lemme 3.1 R est de type codénombrable. Le lemme 3.2 permet de conclure.

$(3) \Rightarrow (2)$. Soit J un idéal premier. Alors J et R_J sont des R-modules unisériels. Aussi ils sont de type dénombrable. Si R_J est engendré par $\{t_n^{-1} \mid n \in \mathbb{N}\}$, où $t_n \notin J \ \forall n \in \mathbb{N}$, alors $J = \cap_{n \in \mathbb{N}} R t_n$. Il est alors facile d'obtenir (2).

$(1) \Rightarrow (3)$. Soient U un module unisériel et $J = U^\sharp \cup U_\sharp$. Alors U est un R_J-module. Mais R/J de type codénombrable est équivalent à R_J de type dénombrable. Donc U est de type dénombrable sur R si et seulement si U est de type dénombrable sur R_J. Aussi on peut supposer que $J = P$.

Supposons d'abord que $U^\sharp = P$. Si $PU \subset U$ alors $U = Ru$ où $u \in U \setminus PU$. Supposons maintenant que $PU = U$. Soient $r, s \in P$ tels que $rU \neq 0$. Si $rU = rsU$ alors d'après le lemme 1.2 on a $U = sU$, d'où une contradiction. Soit $\{p_n \mid n \in \mathbb{N}\}$ un système générateur de P tel que $p_{n+1} \notin Rp_n$. Alors $U = \cup_{n \in \mathbb{N}} p_n U$. On peut supposer que $p_n U \neq 0$, $\forall n \in \mathbb{N}$. Aussi on a $p_n U \subset p_{n+1} U$ pour tout $n \in \mathbb{N}$. Pour tout $n \in \mathbb{N}$ soit $u_n \in p_{n+1} U \setminus p_n U$. Alors U est engendré par $\{u_n \mid n \in \mathbb{N}\}$.

Supposons maintenant que $U_\sharp = P$. Supposons que $(0 : u) = (0 : U)$ pour un $u \in U$. Soit $v \in U$ tel que $u = av$ pour un $a \in R$. D'après le lemme 1.1 $(0 : u) = ((0 : v) : a)$. On obtient que

$$(0 : v) = ((0 : v) : a) = (0 : U).$$

Puisque $(0 : v)^\sharp = P$, d'après le lemme 1.6 a est inversible, et par conséquent U est monogène. Maintenant si $(0 : U) \subset (0 : u)$ pour tout $u \in U$, on a $(0 : U) = \cap_{u \in U}(0 : u)$. D'après le lemme 3.1 il existe une famille $(u_n)_{n \in \mathbb{N}}$ d'éléments de U telle que $(0 : U) = \cap_{n \in \mathbb{N}}(0 : u_n)$ et $u_{n+1} \notin Ru_n$, $\forall n \in \mathbb{N}$. Soit $u \in U$. Puisque $(0 : u) \neq (0 : U)$, il existe $n \in \mathbb{N}$ tel que $(0 : u_n) \subset (0 : u)$. Donc $u \in Ru_n$ et U est engendré par $\{u_n \mid n \in \mathbb{N}\}$. $\square$

COROLLAIRE 3.7. *Soit R un anneau de valuation tel que $\mathrm{Spec}(R)$ soit dénombrable. Alors :*

(1) *tout R-module de type fini est de type codénombrable ;*

(2) *tout R-module unisériel est de type dénombrable.*

CHAPITRE 4

Enveloppes pure-injectives

Dans ce chapitre on présente des résultats parus dans [**14**]. Ce sont principalement des généralisations de résultats déjà connus dans le cas où l'anneau de valuation est intègre, établis par R. Warfield d'une part et L. Fuchs et L.Salce d'autre part : voir [**41**] et [**25**, Chapter XII].

Dans tout ce chapitre, si M est un R-module, son enveloppe pure-injective sera notée $\widehat{M}$.

1. Propriétés de $\widehat{R}$

PROPOSITION 4.1. *Soient R un anneau de valuation, E un module injectif et $r \in P$. Alors E/rE est injectif sur R/rR.*

DÉMONSTRATION. Soient J un idéal de R tel que $Rr \subset J$ et

$$g : J/Rr \to E/rE \text{ un homomorphisme non nul.}$$

Pour tout $x \in E$ on note par $\bar{x}$ l'image de x dans E/rE. Soit $a \in J \setminus Rr$ tel que $\bar{y} = g(\bar{a}) \neq 0$. Alors $(Rr : a) \subseteq (rE : y)$. Soit $t \in R$ tel que $r = at$. On a $ty = rz$ pour un $z \in E$. Il s'ensuit que $t(y - az) = 0$. Aussi, puisque $at = r \neq 0$, on a $(0 : a) \subset Rt \subseteq (0 : y - az)$. L'injectivité de E implique qu'il existe $x \in E$ tel que $y = a(x + z)$. On pose $x_a = x + z$. Si $b \in J \setminus Ra$ alors $a(x_a - x_b) \in rE$. Donc $x_b \in x_a + (rE :_E a)$. Puisque E est pur-injectif, d'après [**41**, Theorem 4] il existe $x \in \cap_{a \in J} x_a + (rE :_E a)$. On en déduit que $g(\bar{a}) = a\bar{x}$ pour tout $a \in J$. $\square$

PROPOSITION 4.2. *Tout anneau de valuation R a les propriétés suivantes :*

(1) *pour tout $x \in \widehat{R}$ il existe $a \in R$, $p \in P$ et $y \in \widehat{R}$ tels que $x = a + pay$;*

(2) *pour tout idéal archimédien A de R, $\widehat{R}/A\widehat{R}$ est une extension essentielle de R/A ;*

(3) $\widehat{R}/P\widehat{R} \cong R/P$.

DÉMONSTRATION. (3) est une conséquence immédiate de (1).

On déduit aussi (2) de (1). Puisque R est un sous-module pur de $\widehat{R}$, l'application canonique $R/A \to \widehat{R}/A\widehat{R}$ est un monomorphism. Soit $x \in \widehat{R} \setminus R + A\widehat{R}$. On a $x = a + pay$ où $a \in R$, $p \in P$ et $y \in \widehat{R}$. Donc $pa \notin A$. Puisque A est archimédien, il existe $r \in (A : pa) \setminus (A : a)$. D'où $rx \in R + A\widehat{R} \setminus A\widehat{R}$.

On procède par étapes pour montrer (1).

Etape 1. Supposons R auto-FP-injectif. Dans ce cas, $\widehat{R} \cong E_R(R)$ d'après [**25**, Lemma XIII.2.7]. On peut supposer que $x \notin R$. Alors il existe $d \in R$ tel que

$dx \in R$ et $dx \neq 0$. Puisque R est un sous-module pur de $\widehat{R}$ on a $dx = db$ pour un $b \in R$. D'après le lemme 1.1 $(0 : x) = (0 : b)$, d'où $x = bz$ pour un $z \in \widehat{R}$ puisque $\widehat{R}$ est injectif. De la même façon, il existe c, $u \in R$ tels que $cz = cu \neq 0$. On obtient $(0 : u) = (0 : z) = b(0 : b) = 0$. Donc u est inversible. Puisque $z - u \notin R$, il existe s, $q \in R$ et $y \in \widehat{R}$ tels que $0 \neq sq = s(z - u) \in R$ et $z - u = qy$. On a $c \in (0 : z - u) = (0 : q)$. Donc $q \in P$. On pose $a = bu$ et $p = qu^{-1}$ et on obtient $x = a + pay$.

Etape 2. Maintenant on montre que $\widehat{R}/r\widehat{R} \cong E_{R/rR}(R/rR)$ pour tout $0 \neq r \in P$. Si $\cap_{a \neq 0} aR = 0$ alors c'est une conséquence immédiate de [**22**, Theorem 5.6]. Sinon P n'est pas fidèle, R est auto-FP-injectif et $\widehat{R} \cong E_R(R)$. D'après l'étape 1 et l'implication $(1) \Rightarrow (2)$ la condition (2) est vérifiée. D'après la Proposition 4.1 $\widehat{R}/r\widehat{R}$ est injectif sur R/rR.

Etape 3. Montrons (1) dans le cas général. Si $\cap_{r \neq 0} rR \neq 0$, alors R est auto-FP-injectif. On a le résultat d'après l'étape 1. Si $\cap_{r \neq 0} rR = 0$, on pose $T = \cap_{r \neq 0} r\widehat{R}$. Montrons que $T = 0$. Soit $x \in T \cap R$. Alors $x \in R \cap r\widehat{R} = rR$ pour tout $r \in R$, $r \neq 0$. Donc $x = 0$ et $T \cap R = 0$. Soient $x \in \widehat{R}$, $r, a \in R$ et $z \in T$ tels que $rx = a + z$. Il existe $y \in \widehat{R}$ tel que $z = ry$. On obtient $r(x - y) = a$, d'où il existe $b \in R$ tel que $rb = a$. Il s'ensuit que R est un sous-module pur de $\widehat{R}/T$. Puisque $\widehat{R}$ est une extension pure-essentielle de R on en déduit que $T = 0$. Soit $x \in \widehat{R}$. On peut supposer que $x \notin R$. Il existe $0 \neq r \in R$ tel que $x \notin r\widehat{R}$. Si $x \in R + r\widehat{R}$ alors $x = a + ry$, avec $a \in R$ et $y \in \widehat{R}$. On a $a \notin rR$ sinon $x \in r\widehat{R}$. Donc $r = pa$ pour un $p \in P$. Si $x \notin R + r\widehat{R}$ alors, puisque R/Rr est auto-FP-injectif, des étapes 1 et 2 on déduit que $x - a - paz \in r\widehat{R}$ où $a \in R$, $p \in P$ et $z \in \widehat{R}$. Il est évident que $a \notin rR$. Il est maintenant facile de conclure. $\square$

Comme dans le cas intègre on a :

PROPOSITION 4.3. $\widehat{R}$ *est un R-module fidèlement plat.*

DÉMONSTRATION. Soient $x \in \widehat{R}$ et $r \in R$ tels que $rx = 0$. D'après la proposition 4.2 il existe $a \in R$, $p \in P$ et $y \in \widehat{R}$ tels que $x = a + pay$. Donc $rpay \in R$. On en déduit qu'il existe $b \in R$ tel que $ra(1 + pb) = 0$. D'où

$$ra = 0 \text{ et } r \otimes x = ra \otimes (1 + py) = 0.$$

Puisque R est pur dans $\widehat{R}$, la proposition est démontrée. $\square$

2. Enveloppes pure-injectives des modules unisériels

Le lemme suivant et la proposition 4.5 seront utiles pour montrer la pure-injectivité de certains modules dans la suite.

LEMME 4.4. *Soient U un module et M un module plat. Alors, pour tout $r, s \in R$, $M \otimes_R (sU :_U r) \cong (M \otimes_R sU :_{M \otimes_R U} r)$.*

DÉMONSTRATION. On pose $L = M \otimes_R U$. Soit ϕ le composé de la multiplication par r dans U avec la surjection canonique $U \to U/sU$. Alors $(sU :_U r) = \ker(\phi)$. On en déduit que $M \otimes_R (sU :_U r)$ est isomorphe à $\ker(\mathbf{1}_M \otimes \phi)$ car M est plat. On vérifie facilement que $\mathbf{1}_M \otimes \phi$ est le composé de la multiplication par r dans L avec la surjection canonique $L \to L/sL$. Donc

$$M \otimes_R (sU :_U r) \cong (sL :_L r).$$

$\square$

PROPOSITION 4.5. *Tout R-module pur-injectif M a la propriété suivante : si $(x_i)_{i \in I}$ est une famille d'éléments de M et $(A_i)_{i \in I}$ une famille d'idéaux de R telles que la famille $\mathcal{M} = (x_i + A_i M)_{i \in I}$ ait la propriété d'intersection finie, alors $\mathcal{M}$ a une intersection non vide. La réciproque est vraie si M est plat.*

DÉMONSTRATION. Soit $i \in I$ tel que A_i ne soit pas de type fini. D'après le lemme 1.3 soit $A_i = Pr_i$, soit $A_i = \cap_{c \in R \setminus A_i} cR$. Si, $\forall i \in I$ tel que A_i ne soit pas de type fini, on remplace $x_i + A_i M$ par $x_i + r_i M$ dans le premier cas, et par la famille $(x_i + cM)_{c \in R \setminus A_i}$ dans le second cas, on déduit de $\mathcal{M}$ une famille $\mathcal{N}$ qui a la propriété d'intersection finie. Puisque M is pur-injectif, il existe $x \in M$ appartenant à chaque élément de la famille $\mathcal{N}$ d'après [**41**, Theorem 4]. On peut supposer que la famille $(A_i)_{i \in I}$ n'a pas de plus petit élément. Aussi, si A_i n'est pas de type fini, il existe $j \in I$ tel que $A_j \subset A_i$. Soit $c \in A_i \setminus PA_j$ tel que $x_j + cM \in \mathcal{N}$. Alors $x - x_j \in cM \subseteq A_i M$ et $x_j - x_i \in A_i M$. Donc $x - x_i \in A_i M$ pour tout $i \in I$.

Réciproquement, si M est plat, alors, d'après le lemme 4.4 on a $(sM :_M r) = (sR : r)M$ pour tout $s, r \in R$. On utilise [**41**, Theorem 4] pour conclure. $\square$

PROPOSITION 4.6. *Soient U un module unisériel et M un module plat pur-injectif. Alors $M \otimes_R U$ est pur-injectif.*

DÉMONSTRATION. Soit $L = M \otimes_R U$. On utilise [**41**, Theorem 4] pour montrer que L est pur-injectif. Soit $(x_i)_{i \in I}$ une famille d'éléments de M telle que la famille $\mathcal{F} = (x_i + N_i)_{i \in I}$ ait la propriété d'intersection finie, où $N_i = (s_i L :_L r_i)$ et $r_i, s_i \in R$, $\forall i \in I$.

D'abord on suppose que $U = R/A$ où A est un idéal propre de R. Donc $L \cong M/AM$. If $s_i \notin A$ alors

$$N_i = (s_i M :_M r_i)/AM = (Rs_i : r_i)M/AM.$$

On pose $A_i = (Rs_i : r_i)$ dans ce cas. Si $s_i \in A$ alors

$$N_i = (AM :_M r_i)/AM = (A : r_i)M/AM.$$

On pose $A_i = (A : r_i)$ dans ce cas. Pour tout $i \in I$, soit $y_i \in M$ tel que $x_i = y_i + AM$. Il est évident que la famille $(y_i + A_i M)_{i \in I}$ a la propriété d'intersection finie. D'après la proposition 4.5 cette famille a une intersection non vide. Donc $\mathcal{F}$ a aussi une intersection non vide.

Maintenant on suppose que U n'est pas de type fini. Il est évident que $\mathcal{F}$ a une intersection non vide si $x_i + N_i = L$, $\forall i \in I$. On peut donc supposer qu'il existe $i_0 \in I$ tel que $x_{i_0} + N_{i_0} \neq L$. Soient

$$I' = \{i \in I \mid N_i \subseteq N_{i_0}\} \text{ et } \mathcal{F}' = (x_i + N_i)_{i \in I'}.$$

Alors $\mathcal{F}$ et $\mathcal{F}'$ ont la même intersection. D'après le lemme 4.4

$$N_{i_0} = M \otimes_R (s_{i_0}U :_U r_{i_0}).$$

On en déduit que $(s_{i_0}U :_U r_{i_0}) \subset U$ car $N_{i_0} \neq L$. Donc $\exists u \in U$ tel que $x_{i_0} + N_{i_0} \subseteq M \otimes_R Ru$. Alors, $\forall i \in I'$, $x_i + N_i \subseteq M \otimes_R Ru$ et nous avons $M \otimes_R Ru \cong M/(0 : u)M$. D'après la première partie de la démonstration $M/(0 : u)M$ est pur-injectif. On remplace R par $R/(0 : u)$ et on suppose que $(0 : u) = 0$. Soit $A_i = ((s_iU :_U r_i) : u)$, $\forall i \in I'$. Alors $N_i = A_iM$, $\forall i \in I'$. D'après la proposition 4.5 $\mathcal{F}'$ a une intersection non vide. Donc $\mathcal{F}$ a une intersection non vide aussi. $\qquad\square$

Il est maintenant possible de déterminer l'enveloppe pure-injective de tout module unisériel . Le théorème suivant est une généralisation de [25, Corollary XIII.5.5]

THÉORÈME 4.7. *Tout anneau de valuation R vérifie les conditions suivantes :*

(1) *soient U un R-module unisériel et $J = U^\sharp \cup U_\sharp$. Alors $\widehat{R_J} \otimes_R U$ est l'enveloppe pure-injective de U. De plus, $\widehat{U}$ est une extension essentielle de U si $J = U_\sharp$.*

(2) *pour tout idéal propre A de R, $\widehat{R}/A\widehat{R}$ est l'enveloppe pure-injective de R/A. De plus $\widehat{R}/A\widehat{R} \cong E_{R/A}(R/A)$ si A est archimédien.*

DÉMONSTRATION. (1). Si $s \in R \setminus J$ alors la multiplication par s dans U est bijective. Donc U est un R_J-module. Après avoir remplacé R par R_J, on peut supposer que $J = P$. On pose $\widetilde{U} = \widehat{R_J} \otimes_R U$.

Supposons que $P = U^\sharp$. D'après [41, Proposition 6] $\widetilde{U} = \widehat{U} \oplus V$ où V est un sous-module de $\widetilde{U}$. Soit $v \in V$. Alors $v = x \otimes u$ où $u \in U$ et $x \in \widehat{R}$. D'après la proposition 4.2 $x = a + pay$, où $a \in R$, $p \in P$ et $y \in \widehat{R}$. Puisque $pU \subset U$, $\exists u' \in U \setminus (Pu \cup pU)$. Alors $u = cu'$ avec $c \in R$ et $v = cau' + pcay \otimes u'$. On a $y \otimes u' = z + w$ où $w \in V$ et $z \in \widehat{U}$. Donc $cau' + pcaz = 0$. Puisque U est pur dans $\widehat{U}$, il existe $z' \in U$ tel que $cau' + pcaz' = 0$. Si $v \neq 0$ l'égalité $v = (1 + py) \otimes cau'$ implique $cau' \neq 0$. D'après le lemme 1.2 on obtient $u' \in pU$, d'où une contradiction. Donc $V = 0$.

Supposons que $P = U_\sharp$. Si $0 \neq z \in \widetilde{U}$ alors $z = x \otimes u$ où $u \in U$ et $x \in \widehat{R}$. D'après la proposition 4.2 il existe $a \in R$, $p \in P$ et $y \in \widehat{R}$ tels que $x = a + pay$. Donc $z = au + y \otimes pau$. Soit $A = (0 : au)$. D'après le lemme 1.6 $A^\sharp = P$. Donc $(0 : pau) = (A : p) \neq A$. Soit $r \in (A : p) \setminus A$. Alors $0 \neq rz \in U$.

(2). On applique la première condition en prenant $U = R/A$. Dans ce cas, $U^\sharp = P$. L'enveloppe pure-injective de R/A est la même sur R et sur R/A. Puisque R/A est auto-FP-injectif quand A is archimédien on utilise [**25**, Lemma XIII.2.7] pour démontrer la dernière assertion. $\square$

Comme dans [**36**], si $x \in \widehat{R} \setminus R$, on dit que

$$B(x) = \{r \in R \mid x \notin R + r\widehat{R}\}$$

est l'*idéal large* de x. Alors la proposition 4.9 est une généralisation de [**36**, Proposition 1.4]. Le lemme suivant est utile pour montrer cette proposition.

LEMME 4.8. *Soit J un idéal propre tel que $J = \cap_{c \notin J} cR$. Alors $J\widehat{R} = \cap_{c \notin J} c\widehat{R}$.*

DÉMONSTRATION. D'après le théorème 4.7 $\widehat{R}/J\widehat{R}$ est l'enveloppe pure-injective de R/J. Dans la démonstration de l'étape 3 de la proposition 4.2 il a été montré que $\cap_{a \neq 0} a\widehat{R} = 0$ si $\cap_{a \neq 0} aR = 0$. On applique donc ce résultat à R/J pour obtenir le lemme. $\square$

La *topologie des idéaux* de R est la topologie linéaire qui a pour base de voisinages de 0 les idéaux non nuls.

PROPOSITION 4.9. *Soit A un idéal propre. Alors R/A est séparé et non complet pour sa topologie des idéaux si et seulement si $A = B(x)$ pour un x dans $\widehat{R} \setminus R$.*

DÉMONSTRATION. Pour montrer que $R/B(x)$ est séparé, on fait comme dans [**36**, Proposition 1.4], on montre que $a \notin B(x)$ implique que $pa \notin B(x)$ pour un $p \in P$. On a $x = r + ay$ où $r \in R$ et $y \in \widehat{R}$. D'après la proposition 4.2, $\widehat{R} = R + P\widehat{R}$. Aussi $y = s + pz$, avec $s \in R$, $p \in P$ et $z \in \widehat{R}$. On obtient $x = r + as + paz \in R + pa\widehat{R}$. Pour tout $a \notin B(x)$, $x \in r_a + a\widehat{R}$ pour un $r_a \in R$. Si la famille $(r_a + aR)_{a \notin B(x)}$ a une intersection non vide, alors, en utilisant le lemme 4.8, on obtient que $x \in R + B(x)\widehat{R}$, d'où une contradiction. Donc $R/B(x)$ est non complet.

Réciproquement, supposons R/A séparé et non complet. Alors il existe une famille $(r_a + aR)_{a \notin A}$ qui a la propriété d'intersection finie et une totale intersection vide. Puisque $\widehat{R}$ est pur-injectif, la totale intersection de la famille $(r_a + a\widehat{R})_{a \notin A}$ contient un élément x qui n'appartient pas à R. Il est clair que $B(x) \subseteq A$. Si $x = r + b\widehat{R}$ avec $r \in R$ et $b \in A$ alors $r \in r_a + aR$ pour tout $a \notin A$, puisque R est un sous-module pur de $\widehat{R}$. D'où une contradiction. Donc $A = B(x)$. $\square$

Le lemme suivant est une généralisation de [**36**, Lemma 1.3].

LEMME 4.10. *Soit $x \in \widehat{R}$ tel que $x = r + ay$ pour $r, a \in R$ et $y \in \widehat{R}$. Alors $B(y) = (B(x) : a)$.*

DÉMONSTRATION. Soit $t \notin \mathrm{B}(y)$. Alors $y = s + tz$ avec $s \in R$ et $z \in \widehat{R}$. Il s'ensuit que $x = r + as + atz$. Donc $t \notin (\mathrm{B}(x) : a)$.

Réciproquement, si $t \notin (\mathrm{B}(x) : a)$ alors on obtient les égalités suivantes $x = r + ay = s + taz$ avec $s \in R$ et $z \in \widehat{R}$. Puisque R est un sous-module pur de $\widehat{R}$, on a $a(y - tz - b) = 0$ avec $b \in R$. De la platitude de $\widehat{R}$ on déduit que $(y - tz - b) \in (0 : a)\widehat{R}$. Mais $ta \notin \mathrm{B}(x)$ implique que $ta \neq 0$, d'où $(0 : a) \subset Rt$. Donc $t \notin \mathrm{B}(y)$.   □

Si U est un module unisériel sur un anneau de valuation intègre, il est dit *standard* s'il existe deux sous-modules A et B de Q tels que $A \subset B$ et $U \cong B/A$; dans le cas contraire il est dit *non-standard*.

Si U est un module unisériel non-standard sur un anneau de valuation intègre R alors $\widehat{U}$ est indécomposable d'après [**22**, Proposition 5.1]. De plus il existe un module unisériel standard V tel que $\widehat{U} \cong \widehat{V}$ d'après [**25**, Theorem XIII.5.9]. Donc, $\widehat{R} \otimes_R U \cong \widehat{R} \otimes_R V$ n'implique pas $U \cong V$. Cependant, il est possible d'obtenir la proposition suivante :

PROPOSITION 4.11. *Soient U et V des modules unisériels et $J = U^\sharp \cup U_\sharp$. Supposons que $\widehat{R} \otimes_R U \cong \widehat{R} \otimes_R V$. Alors U et V sont isomorphes si l'une des conditions suivantes est satisfaite :*

(1) $U^\sharp = J$ et $J \neq J^2$,

(2) U est de type dénombrable.

DÉMONSTRATION. Soit $\phi : \widehat{R} \otimes_R U \to \widehat{R} \otimes_R V$ l'isomorphisme. Soit $0 \neq u \in U$. Alors $\phi(u) = x \otimes v$ où $x \in \widehat{R}$ et $v \in V$. D'après la proposition 4.2 on peut supposer que $x = 1 + py$ avec $p \in P$ et $y \in \widehat{R}$. On montre d'abord que $(0 : u) = (0 : v)$. Il est évident que $(0 : v) \subseteq (0 : u)$. Soit $r \in (0 : u)$. Alors $x \otimes rv = 0$. De la platitude de $\widehat{R}$ on déduit qu'il existe $s \in R$ et $z \in \widehat{R}$ tels que $x = sz$ et $srv = 0$. Si $s \in P$ alors on obtient que $1 = qe$ pour un $q \in P$ et un $e \in \widehat{R}$. Puisque R est pur dans $\widehat{R}$, il s'ensuit que $1 \in P$. C'est absurde. Donc s est inversible et $r \in (0 : v)$.

Soient v, v' des éléments non nuls de V et $x, x' \in 1 + P\widehat{R}$ tels que $x \otimes v = x' \otimes v'$. Il existe $t \in R$ tel que $v = tv'$. On va montrer que t est inversible. On obtient que $(x' - tx) \otimes v' = 0$. Si $t \in P$, comme ci-dessus on déduit que $v' = 0$, d'où une contradiction.

Soient $u \in U$ et $v \in V$ comme dans la première partie de la démonstration. D'après le lemme 1.6 on a $U_\sharp = (0 : u)^\sharp = (0 : v)^\sharp = V_\sharp$. Soit $p \in P$. On va montrer que $u \in pU$ si et seulement si $v \in pV$. Si $v = pw$ pour un $w \in V$ alors $\phi(u) = px \otimes w = p\phi(z)$ pour un $z \in \widehat{R} \otimes_R U$. Puisque U est un sous-module pur, alors $u = pu'$ pour un $u' \in U$. Réciproquement, si $u = pu'$ pour $u' \in U$ et $\phi(u') = x' \otimes v'$ où $v' \in V$ et $x' \in 1 + P\widehat{R}$, on obtient que $x' \otimes pv' = x \otimes v$. De ci-dessus, on déduit que $v \in pV$. Donc, $U^\sharp = V^\sharp$.

On peut maintenant démontrer que U et V sont isomorphes quand la première condition est satisfaite. Dans ce cas U et V sont des modules sur R_J. Puisque $J \neq J^2$, JR_J est un idéal principal de R_J. Puisque $JU \subset U$ et $JV \subset V$, U et V sont monogènes sur R_J. Soient $u \in U$ et $v \in V$ comme dans la première partie de la démonstration, et supposons que $U = R_J u$. Si $v = rw$ avec $r \in R_J$ et $w \in V$ alors on obtient, comme ci-dessus que $u = ru'$ pour un $u' \in U$. Donc r est inversible et U et V sont isomorphes.

Soit $\{u_i\}_{i \in I}$ un système générateur de U. Pour tout $i \in I$, soient $v_i \in V$ et $x_i \in 1 + P\widehat{R}$ tels que $\phi(u_i) = x_i \otimes v_i$. On suppose que $(0 : U) \subset (0 : u)$, $\forall u \in U$. De la première partie de la démonstration on déduit que $(0 : V) \subset (0 : v)$, $\forall v \in V$. On a $\cap_{i \in I}(0 : u_i) = (0 : U)$. Donc $\cap_{i \in I}(0 : v_i) = (0 : V)$. Aussi, $\forall v \in V$ il existe $i \in I$ tel que $(0 : v_i) \subset (0 : v)$. Donc $v \in Rv_i$. Maintenant, supposons $\exists u \in U$ tel que $(0 : u) = (0 : U)$. D'après [25, Lemma X.1.4] $J = U^\sharp$. On peut supposer que $J = J^2$ et I est infini. Alors $JU = U$ et $JV = V$. Soit $v \in V$. Il existe $p \in J$ tel que $v \in pV$. Mais il existe $i \in I$ tel que $u_i \notin pU$. Aussi, $v_i \notin pV$. Donc $v \in R_J v_i$. Maintenant supposons que $I = \mathbb{N}$. Soit $(a_n)_{n \in \mathbb{N}}$ une suite d'éléments de P tels que $u_n = a_n u_{n+1}$, $\forall n \in \mathbb{N}$. On pose $\varphi(u_0) = v_0$. Supposons que $\varphi(u_n) = s_n v_n$ où s_n inversible. D'après la seconde partie de la démonstration il existe une unité t_n telle que $a_n v_{n+1} = t_n \varphi(u_n)$. On pose donc $\varphi(u_{n+1}) = t_n^{-1} v_{n+1}$. Par récurrence sur n, on obtient un isomorphisme $\varphi : U \to V$. $\qquad\square$

Soit $T = \mathrm{End}_R(\widehat{R})$. Alors T est local d'après [22, Proposition 5.1] et [25, Theorem XIII.3.10]. Pour tout R-module M, $\widehat{R} \otimes_R M$ est un T-module à gauche. Comme dans [23] on dit qu'un T-module à gauche unisériel F est *contractable* s'il existe deux T-sous-modules G et H de F tels que $0 \subset H \subset G \subset F$ et $F \cong G/H$. Dans le cas contraire F est dit *incontractable*.

PROPOSITION 4.12. *Soit U un R-module unisériel. Alors :*

(1) $\widehat{R} \otimes_R U$ *est un T-module unisériel incontractable ;*

(2) $\mathrm{End}_T(\widehat{R} \otimes_R U)$ *est un anneau local.*

DÉMONSTRATION. (1). Soit $x \in 1 + P\widehat{R}$. D'abord on montre que Rx est un sous-module pur de $\widehat{R}$. Soient $a, b \in R$ et $y \in \widehat{R}$ tels que $by = ax$. D'après la proposition 4.2 $y = c + pcz$ avec $c \in R$, $p \in P$ et $z \in \widehat{R}$. Supposons que $a \notin Rbc$. Alors $bc = ra$ avec $r \in P$. Si $x = 1 + qx'$ avec $q \in P$ et $x' \in \widehat{R}$, on obtient que $a(1 - r) = a(rpz - qx') = aty'$ avec $t \in P$ et $y' \in \widehat{R}$. Puisque R est un sous-module pur de $\widehat{R}$ il existe $s \in R$ tel que $a(1 - r - ts) = 0$. On déduit que $a = 0$, d'où une contradiction. Donc $a \in Rbc$. En utilisant des arguments similaires on montre facilement que Rx est fidèle.

Soient $z, z' \in \widehat{R} \otimes_R U$. On a $z = x \otimes u$ et $z' = x' \otimes u'$ où $x, x' \in 1 + P\widehat{R}$ et $u, u' \in U$. Supposons que $u' = ru$ avec $r \in R$. L'homomorphisme $\phi : Rx \to Rrx'$

tel que $\phi(x) = rx'$ est bien défini et peut se prolonger à $\widehat{R}$. On obtient que $\phi z = z'$. Donc $\widehat{R} \otimes_R U$ est unisériel sur T.

Supposons que $\widehat{R} \otimes_R U$ soit contractable sur T. D'après [**23**, Lemma 1.17] il existe $z \in \widehat{R} \otimes_R U$ tel que Tz soit contractable. On a $z = x \otimes u$ où $x \in 1 + P\widehat{R}$ et $u \in U$. Donc $Tz = \widehat{R} \otimes_R Ru$. Il existe $z' \in Tz$ et un T-épimorphisme non injectif $\alpha : Tz' \to Tz$. Soit $K = \mathrm{Ker}\ \alpha$. On peut supposer que $\alpha(z') = z$. On a $z' = x' \otimes ru$ où $x' \in 1 + P\widehat{R}$ et $r \in R$. Soit y un élément non nul de K. Alors $y = tz' = ay' \otimes ru$ avec $t \in T$, $y' \in 1 + P\widehat{R}$ et $a \in R$. Mais il existe $s, s' \in T$ tels que $x' = sy'$ et $y' = s'x'$. Donc $0 \neq ax' \otimes ru \in K$. Puisque $y \neq 0$ on a $aru \neq 0$. D'autre part $x \otimes aru = \alpha(ax' \otimes ru) = 0$. Il s'ensuit que $aru = 0$ d'où une contradiction. Donc $\widehat{R} \otimes_R U$ est incontractable.

(2) est une conséquence de (1) et de [**23**, Proposition 9.24]. $\qquad\square$

3. Enveloppes pure-injectives des modules polysériels

On dit qu'un module M est *polysériel* s'il a une suite de composition pure

$$0 = M_0 \subset M_1 \subset \cdots \subset M_n = M,$$

(i.e. M_k est un sous-module pur de M, $\forall k$, $0 \leq k \leq n$) où M_k/M_{k-1} est unisériel $\forall k$, $1 \leq k \leq n$. D'après [**25**, Lemma I.7.8], si M est de type fini, M a une suite de composition pure, où $M_k/M_{k-1} \cong R/A_k$ et A_k est un idéal propre, $\forall k$, $1 \leq k \leq n$. On note par gen M le nombre minimal de générateurs de M. D'après [**25**, Lemma V.5.3] $n = $ gen M. La suite $(A_1, \cdots, A_n)$ est appelée la *suite des annulateurs* de M et elle est uniquement déterminée par M, à l'ordre près (voir [**25**, Theorem V.5.5]).

On peut maintenant étendre le résultat obtenu par Warfield[**41**] dans la cas intègre pour les modules de type fini.

THÉORÈME 4.13. *Soit M un R-module de type fini. Alors :*

$$\widehat{M} \cong \widehat{R} \otimes_R M \cong \widehat{R}/A_1\widehat{R} \oplus \cdots \oplus \widehat{R}/A_n\widehat{R},$$

où $(A_1, \cdots, A_n)$ est la suite des annulateurs de M.

DÉMONSTRATION. Il est facile de vérifier que M est un sous-module pur de $\widehat{R} \otimes_R M$. On a que $\widehat{R} \otimes_R M_1$ est aussi un sous-module pur de $\widehat{R} \otimes_R M$. D'après la proposition 4.6 $\widehat{R} \otimes_R M_1$ est pur-injectif. Il s'ensuit que $\widehat{R} \otimes_R M \cong (\widehat{R} \otimes_R M_1) \oplus (\widehat{R} \otimes_R M/M_1)$. Par récurrence sur n on obtient que $\widehat{R} \otimes_R M \cong \widehat{R}/A_1\widehat{R} \oplus \cdots \oplus \widehat{R}/A_n\widehat{R}$. Donc $\widehat{R} \otimes_R M$ est pur-injectif. D'après [**41**, Proposition 6] $\widehat{M}$ est un facteur direct de $\widehat{R} \otimes_R M$. Donc $\widehat{R} \otimes_R M \cong \widehat{M} \oplus V$, où V est un sous-module de $\widehat{R} \otimes_R M$. D'après la proposition 4.2 on déduit que, $\forall x \in \widehat{R} \otimes_R M$, il existe $m \in M$, $p \in P$ et $y \in \widehat{R} \otimes_R M$ tels que $x = m + py$. Supposons que $x \in V$. Il existe $z \in \widehat{M}$ et $v \in V$ tels que $x = m + pz + pv$. Il s'ensuit que $x = pv$, d'où $V = PV$. D'autre part, $\widehat{R}/A\widehat{R}$ est indécomposable d'après [**22**, Proposition 5.1] et $\mathrm{End}_R(\widehat{R}/A\widehat{R})$

est local d'après [**45**, Theorem 9] ou [**25**, Theorem XIII.3.10], pour tout idéal propre A. D'après le théorème de Krull-Schmidt $V \cong \widehat{R}/A_{k_1}\widehat{R} \oplus \cdots \oplus \widehat{R}/A_{k_p}\widehat{R}$ où $\{k_1, \cdots, k_p\}$ est une partie de $\{1, \cdots, n\}$. Si $V \neq 0$, d'après la proposition 4.2 on obtient $V \neq PV$. Cette contradiction complète la démonstration. □

Le *rang de Malcev* d'un module N est le nombre cardinal

$$\text{Mr } N = \sup\{\text{gen } M \mid M \subseteq N, \text{ gen } M < \infty\}.$$

La proposition suivante est identique à la première partie de [**25**, Proposition XII.1.6]. Nous en donnons une démonstration différente.

PROPOSITION 4.14. *La longueur de toute suite de composition pure d'un module polysériel M est égale à* Mr M.

DÉMONSTRATION. Soit $0 = M_0 \subset M_1 \subset \cdots \subset M_n = M$ une suite de composition pure de M. Comme dans [**25**, Corollary XII.1.5] on montre que Mr $M \leq n$. L'égalité est vérifiée pour $n = 1$. De la suite de composition pure de M, on déduit une suite de composition pure de M/M_1 de longueur $n - 1$. D'après l'hypothèse de récurrence M/M_1 contient un sous-module de type fini Y avec gen $Y = n - 1$.

Supposons que Y engendré par $\{y_2, \ldots, y_n\}$. Soient $x_2, \ldots, x_n \in M$ tels que $y_k = x_k + M_1$ et F le sous-module de M engendré par $x_2, \ldots, x_n$. Si $F \cap M_1 = M_1$ alors $M_1 \subseteq F$ et M_1 est un sous-module pur de F. Dans ce cas M_1 est de type fini d'après [**5**, Théorème 2.3]. Il s'ensuit que la suite suivante est exacte :

$$0 \to \frac{M_1}{PM_1} \to \frac{F}{PF} \to \frac{Y}{PY} \to 0.$$

On a donc gen Y = gen F − gen $M_1 \leq n - 2$. On obtient une contradiction car gen $Y = n - 1$. Donc $F \cap M_1 \neq M_1$. Soit $x_1 \in M_1 \setminus F \cap M_1$. Soit X le sous-module de M engendré par $x_1, \ldots, x_n$. Clairement $Rx_1 = M_1 \cap X$. On va montrer que $Px_1 = Rx_1 \cap PX$. Soit $x \in Rx_1 \cap PX$. Alors $x = p\sum_{k=1}^{k=n} a_k x_k = rx_1$ où $p \in P$ et $r, a_1, \ldots, a_n \in R$. Il s'ensuit que $p\sum_{k=2}^{k=n} a_k x_k = (r - pa_1)x_1$. Donc $(r - pa_1)x_1 \in M_1 \cap F \subset Rx_1$. On en déduit que $r - pa_1 \in P$ d'où $r \in P$. Donc $x \in Px_1$. Par conséquent la suite suivante est exacte :

$$0 \to \frac{Rx_1}{Px_1} \to \frac{X}{PX} \to \frac{Y}{PY} \to 0.$$

Donc gen $X = n$. □

On étudie maintenant les enveloppes pure-injectives des modules polysériels.

THÉORÈME 4.15. *Soit M un module polysériel avec la suite de composition pure suivante :*

$$0 = M_0 \subset M_1 \subset \cdots \subset M_n = M$$

Pour tout entier k, $1 \leq k \leq n$ on pose $U_k = M_k/M_{k-1}$. Alors :

(1) *il existe un sous-ensemble I de $\{k \in \mathbb{N} \mid 1 \le k \le n\}$ tel que $\widehat{M} \cong \oplus_{k \in I} \widehat{U_k}$;*

(2) $\widehat{R} \otimes_R M$ *est pur-injectif et isomorphe à* $\oplus_{k=1}^{k=n} \widehat{R} \otimes_R U_k$;

(3) *la collection $(\widehat{R} \otimes_R U_k)_{1 \le k \le n}$ est uniquement déterminée par M.*

DÉMONSTRATION. (1). Soit N un sous-module pur de M. L'inclusion $N \to \widehat{N}$ peut se prolonger à $w : M \to \widehat{N}$. Soit $f : M \to \widehat{N} \oplus \widehat{M/N}$ défini par $f(x) = (w(x), x + N)$, pour tout $x \in M$. Il est facile de vérifier que f est un pur monomorphisme. Il s'ensuit que $\widehat{M}$ est un facteur direct de $\widehat{N} \oplus \widehat{M/N}$. Donc, par récurrence sur n, on obtient facilement que $\widehat{M}$ est un facteur direct de $\oplus_{k=1}^{k=n} \widehat{U_k}$. Puisque, $\forall k \in \mathbb{N}$, $1 \le k \le n$, $\widehat{U_k}$ est indécomposable d'après [**22**, Proposition 5.1] et $\mathrm{End}_R(\widehat{U_k})$ est local d'après [**45**, Theorem 9] ou [**25**, Theorem XIII.3.10], on applique le théorème de Krull-Schmidt pour conclure.

(2). On fait comme dans la démonstration du théorème 4.13.

(3). Puisque $\widehat{R} \otimes_R M$ et $\widehat{R} \otimes_R U_k$ sont des T-modules, on conclut d'après la proposition 4.12 et le théorème de Krull-Schmidt. $\qquad\square$

CHAPITRE 5

Localisations des modules injectifs

Dans ce chapitre on présente principalement des résultats parus dans [**13**]. Cependant le résultat sur les anneaux de Prüfer qui sont h-semilocaux va être publié dans un article intitulé "Localizations of injective modules over arithmetical rings" à paraître dans Communications in Algebra.

Si S est une partie multiplicative d'un anneau noethérien R, il est bien connu que $S^{-1}E$ est injectif pour tout R-module injectif E. L'exemple suivant montre que ce résultat n'est généralement pas vrai si R n'est pas noethérien.

EXEMPLE 5.1. Soient K un corps et I un ensemble infini. On pose $R = K^I$, $J = K^{(I)}$ et $S = \{1 - r \mid r \in J\}$. Alors $R/J \cong S^{-1}R$, R est un module injectif, mais R/J n'est pas injectif d'après [**34**, Theorem].

E. C. Dade fut probablement le premier à étudier les localisations des modules injectifs. D'après [**21**, Theorem 25], il existe un anneau R, une partie multiplicative S et un module injectif G tels que $S^{-1}G$ ne soit pas injectif. Dans cet exemple on peut choisir R intègre et cohérent.

Cependant, pour certaines classes d'anneaux non noethériens, les localisations des modules injectifs sont aussi injectives. Par exemple :

PROPOSITION 5.2. *Soit R un anneau héréditaire. Pour toute partie multiplicative S de R et pour tout R-module injectif E, $S^{-1}E$ est injectif.*

Il existe des anneaux héréditaires non noethériens.

DÉMONSTRATION. Soit F le noyau de l'application canonique : $E \to S^{-1}E$. Alors E/F est injectif et sans S-torsion. Soit $s \in S$. On a $(0 : s) = Re$, où e est un idempotent de R. Il est facile de vérifier que $s + e$ est régulier . Donc, si $x \in E$, il existe $y \in E$ tel que $x = (s+e)y$. Il est clair que $eE \subseteq F$. Donc $x + F = s(y + F)$. La multiplication par s dans E/F est bijective, d'où $E/F \cong S^{-1}E$. $\square$

Dans la proposition 5.2 et l'exemple 5.1, R est un anneau cohérent. D'après [**6**, Proposition 1.2] $S^{-1}E$ est FP-injectif si E est un module FP-injectif sur un anneau cohérent R, mais on ne peut se passer de l'hypothèse de cohérence : voir [**6**, Exemple p.344].

1. Localisation sur les anneaux de valuation

Nous allons démontrer le théorème suivant :

THÉORÈME 5.3. *Soient R un anneau de valuation, et E un module injectif (respectivement FP-injectif). Alors :*

(1) *pour tout idéal premier $J \neq Z$, E_J est injectif (respect. FP-injectif) ;*

(2) *E_Z est injectif (respect. FP-injectif) si et seulement si E ou Z est plat.*

DÉMONSTRATION. Soient J un idéal premier et E un module. Si E est FP-injectif, E est un sous-module pur d'un module injectif M. On en déduit que E_J est un sous-module pur de M_J. Donc, si M_J est injectif on conclut que E_J is FP-injectif. Maintenant on suppose que E est injectif.

(1). Supposons que $J \subset Z$. Soit $s \in Z \setminus J$. Alors il existe $0 \neq r \in J$ tel que $sr = 0$. Donc rE est contenu dans le noyau de l'application canonique : $E \to E_J$. De plus $R_J = (R/rR)_J$ et $E_J = (E/rE)_J$. D'après la proposition 4.1, E/rE est injectif sur R/rR et d'après le théorème 2.4 R/rR est un IF-anneau. Donc E/rE est plat sur R/rR. De la proposition 4.6 on déduit que E_J est pur-injectif et de [**6**, Proposition 1.2] que E_J est FP-injectif. Donc E_J est injectif.

Supposons que $Z \subset J$. On pose

$$F = \{x \in E \mid J \subset (0 : x)\} \qquad \text{et} \qquad G = \{x \in E \mid J \subseteq (0 : x)\}.$$

Soient $x \in E$ et $s \in R \setminus J$ tels que $sx \in F$ (respectivement G). Alors $sJ \subset (0 : x)$ (respectivement $sJ \subseteq (0 : x)$). Puisque $s \notin J$ on a $sJ = J$. Par conséquent $x \in F$ (respectivement G). La multiplication par s dans E/F (et E/G) est bijective car E est injectif. Donc E/F et E/G sont des modules sur R_J et $E_J \cong E/F$. On a $G \cong \mathrm{Hom}_R(R/J, E)$. Il s'ensuit que $E/G \cong \mathrm{Hom}_R(J, E)$. Mais J est un module plat. Donc E/G est injectif. Soient A un idéal de R_J et $f : A \to E/F$ un homomorphisme. Alors il existe un homomorphisme $g : R_J \to E/G$ tel que $g \circ u = p \circ f$ où $u : A \to R_J$ et $p : E/F \to E/G$ sont les applications canoniques. Il s'ensuit qu'il existe un homomorphisme $h : R_J \to E/F$ tel que $g = p \circ h$. On vérifie facilement que $p \circ (f - h \circ u) = 0$. Donc il existe un homomorphisme $\ell : A \to G/F$ tel que $v \circ \ell = f - h \circ u$ où $v : G/F \to E/F$ est l'inclusion. D'abord supposons que A est de type fini sur R_J. On a $A = R_J a$. Si $0 \neq \ell(a) = y + F$, où $y \in G$, alors $(0 : a) \subseteq Z \subseteq J = (0 : y)$. Puisque E est injectif il existe $x \in E$ tel que $y = ax$. Donc $f(a) = a(h(1) + (x + F))$. Maintenant on suppose que A n'est pas de type fini sur R_J. Si $a \in A$ alors il existe $b \in A$ et $r \in J$ tel que $a = rb$. On obtient $\ell(a) = r\ell(b) = 0$. Donc $f = h \circ u$.

(2). On garde les mêmes notations que ci-dessus. Alors $E_Z = E/F$. Si Z est plat, on fait comme ci-dessus pour montrer que E_Z est injectif. Si E est plat alors $F = 0$, d'où $E_Z = E$. Supposons maintenant que E_Z soit FP-injectif et Z non plat. D'après le théorème 2.3 R_Z est un IF-anneau. Il s'ensuit que E_Z est plat. Par conséquent F est un sous-module pur de E. Supposons qu'il existe $0 \neq x \in F$. Si $0 \neq s \in Z$ alors $(0 : s) \subseteq Z \subset (0 : x)$. Donc il existe $y \in E$ tel que $x = sy$. D'après le lemme 1.1 $(0 : y) = s(0 : x) \subseteq Z$. Puisque F est un sous-module pur, on peut supposer que $y \in F$. D'où $Z \subset (0 : y)$. On obtient une contradiction. Donc $F = 0$ et E est plat. □

2. Localisation sur les anneaux de Prüfer

Voici une conséquence du théorème 5.3. Rappelons qu'un anneau intègre R est *h-semilocal* si R/I est semilocal pour tout idéal non nul I. On dit qu'un anneau intègre R est *de Prüfer* si R_P est de valuation pour tout idéal maximal P de R.

LEMME 5.4. *Soit R un anneau de Prüfer qui soit h-semilocal. Pour tout idéal maximal P, soit $F_{(P)}$ un R_P-module injectif et soit $F = \prod_{P \in \text{Max } R} F_{(P)}$. Alors, pour toute partie multiplicative S, $S^{-1}F$ est injectif.*

DÉMONSTRATION. Soient $T_{(P)}$ le sous-module de torsion de $F_{(P)}$, $G_{(P)} = F_{(P)}/T_{(P)}$, $T = \prod_{P \in \text{Max } R} T_{(P)}$ et $G = \prod_{P \in \text{Max } R} G_{(P)}$. Alors G est sans torsion et $F \cong T \oplus G$. Il est évident que $S^{-1}G$ est injectif. Soit $T' = \oplus_{P \in \text{Max } R} T_{(P)}$. Puisque R est h-semilocal, on vérifie facilement que T' est le sous-module de torsion de T. Donc, T' est injectif et $S^{-1}(T/T')$ est injectif. Pour tout idéal maximal P, $S^{-1}T_{(P)}$ est injectif d'après le théorème 5.3. Puisque $S^{-1}T'$ est le sous-module de torsion de $\prod_{P \in \text{Max } R} S^{-1}T_{(P)}$, on en déduit successivement l'injectivité de $S^{-1}T'$ et $S^{-1}T$. □

THÉORÈME 5.5. *Soit R un anneau de Prüfer qui soit h-semilocal. Alors, pour tout module injectif G et pour toute partie multiplicative S, $S^{-1}G$ est injectif.*

DÉMONSTRATION.

$$\text{Soient } E = \prod_{P \in \text{Max } R} \text{E}_R(R/P) \text{ et } F = \text{Hom}_R(\text{Hom}_R(G, E), E).$$

Alors E est un cogénérateur injectif et G est isomorphe à un facteur direct de F. Puisque R est cohérent, $\text{Hom}_R(G, E)$ est plat d'après [**25**, Theorem XIII.6.4(b)]. Donc F est injectif. On pose

$$F_{(P)} = \text{Hom}_R(\text{Hom}_R(G, E), \text{E}_R(R/P))$$

. Alors $F_{(P)}$ est un R_P-module injectif et $F \cong \prod_{P \in \text{Max } R} F_{(P)}$. D'après le lemme 5.4 $S^{-1}F$ est injectif. On conclut que $S^{-1}G$ est injectif aussi. □

COROLLAIRE 5.6. *Soit R un anneau de Prüfer intègre et semilocal. Alors, pour tout module injectif G et pour toute partie multiplicative S, $S^{-1}G$ est injectif.*

Les exemples suivants montrent que la condition h-semilocal n'est pas nécessaire pour que les localisations des modules injectifs en toute partie multiplicative soient encore injectives.

EXEMPLE 5.7. Soit R l'anneau défini dans [**27**, Example 39]. Alors R est un anneau de Prüfer qui n'est pas h-semilocal. Mais, comme R est la réunion d'une famille dénombrable de sous-anneaux principaux, il est facile de vérifier que, pour toute partie multiplicative S, R satisfait [**21**, Condition 14]. Donc, pour tout module injectif G , $S^{-1}G$ est injectif d'après [**21**, Theorem 15].

Ici un autre exemple que m'a communiqué L. Salce. Soit R l'anneau construit comme dans [**25**, Chapter III, Example 5.5], qui est un exemple classique par Heinzer-Ohm d'un anneau intègre presque de Dedekind qui ne soit pas h-semilocal. Si on part avec un corps dénombrable K, alors R est dénombrable, donc les conditions (14a) et (14c) de [**21**] sont satisfaites. La condition (14b) doit être vérifiée pour tout idéal principal I, et c'est facile de voir que c'est vrai.

Par conséquent, la question suivante est non résolue :

Question : Caractériser les anneaux de Prüfer intègres tels que les localisations des injectifs en toute partie multiplicative soient encore injectives.

CHAPITRE 6

Anneaux à type de module borné

Ce chapitre est une synthèse des résultats parus dans [7], [8] et [12]. Même si la façon de démontrer les résultats n'a pas vraiment changé, il y a quelques petites modifications qui prennent en compte de nouveaux résultats, en particulier ceux concernant l'enveloppe pure-injective $\widehat{R}$ de R qu'on trouve dans le chapitre 4.

On dit qu'un anneau R est *à type de module borné* s'il existe un entier $n > 0$ tel que tout R-module de type fini soit somme directe de sous-modules engendrés par au plus n éléments. Il est facile de voir que si R est à type de module borné et si S est une partie multiplicative de R, alors $S^{-1}R$ est aussi à type de module borné. D'après un résultat de Warfield ([40]), on a que R_P est un anneau de valuation pour tout idéal maximal de R si R est à type de module borné.

On sait déjà que si R est un anneau de valuation presque maximal tout module de type fini est somme directe de sous-modules monogènes : voir [26] et [30]. Dans ce chapitre on va montrer que tout anneau local R à type de module borné est un anneau de valuation presque maximal. Pour ce faire, on va montrer que R/A est complet pour sa topologie des idéaux, pour tout idéal non nul A tel que $A \neq Pr$, $\forall r \in R$, en distinguant les cas A non archimédien et A archimédien. Pour le cas non archimédien, on généralise les méthodes utilisées par Paolo Zanardo dans [42].

1. Cas non archimédien

On dit qu'un R-module M a une *dimension de Goldie* égale à n si son enveloppe injective $E(M)$ est une somme directe de n modules injectifs indécomposables. On note Gd M la dimension de Goldie de M.

On va établir la proposition suivante :

PROPOSITION 6.1. *Soient R un anneau de valuation et I un idéal non nul et non archimédien de R. Si R/I est non complet pour sa topologie des idéaux, alors, $\forall n \in \mathbb{N}^*$, il existe un R-module indécomposable M avec* gen $M = n + 1$ *et* Gd $M = n$.

Les deux lemmes suivants sont nécessaires pour la démonstration de cette proposition.

LEMME 6.2. *Soient I un idéal propre non nul de R, $x \in \widehat{R} \setminus R$ et $a \in R \setminus I$. Si $ax \in I\widehat{R}$ alors $x \in (I : a)\widehat{R}$.*

DÉMONSTRATION. On a $ax = cy$, avec $c \in I$ et $y \in \widehat{R}$. Puisque $a \notin I$, il existe $d \in (I : a)$ tel que $c = ad$. On a l'égalité $a(x - dy) = 0$. Puisque $\widehat{R}$ est plat, on en déduit que $(x - dy) \in (0 : a)\widehat{R} \subseteq (I : a)\widehat{R}$. Donc $x \in (I : a)\widehat{R}$. $\qquad\square$

LEMME 6.3. *Soient* $e \in \widehat{R} \setminus (R \cup P\widehat{R})$, $I = B(e)$, $a \in I$, $a \neq 0$ *et* $J = (Ra : I)$. *On suppose que* I *est non archimédien. Alors :*

(1) $\forall b \in J$, $\exists e_b \in R \setminus P$ *avec* $(e - e_b) \in (Ra : b)\widehat{R}$;

(2) $I\widehat{R} = \cap_{b \in J}(Ra : b)\widehat{R}$;

(3) *soient* $c, d \in R$ *avec* $c + de \in I\widehat{R}$. *Alors* c, $d \in I^{\sharp}$.

DÉMONSTRATION. (1). On peut supposer que $b \notin Ra$. Nous avons $(Ra : b) = Rc$ où c vérifie l'égalité $a = bc$. Puisque I n'est pas de type fini, on a $bI \subset Ra$ d'où $I \subset Rc$. Puisque $I = B(e)$, on $e \in R + c\widehat{R}$. Par conséquent, $e = e_b + cy_b$ avec $e_b \in R$ et $y_b \in \widehat{R}$. Puisque $e \notin P\widehat{R}$, e_b est inversible.

(2). Puisque I est non archimédien on a $I = \cap_{c \notin I} Rc$. D'après le lemme 4.8 on a $I\widehat{R} = \cap_{c \notin I} c\widehat{R}$. Soit $c \notin I$. Alors $\exists b \in R$ tel que $a = bc$. Il est facile de vérifier que $b \in J$ et on a $(Ra : b) = Rc$.

(3). Supposons que $c \notin I^{\sharp}$ et montrons que $Rc = Rd$. Si $d = rc$ avec $r \in R$ alors on a $c(1 + re) \in I\widehat{R}$ d'où $(1 + re) \in (I : c)\widehat{R} \subset P\widehat{R}$ d'après le lemme 6.2. On ne peut donc avoir $r \in P$ puisque $1 \notin P\widehat{R}$. De même si $c = rd$ avec $r \in R$ alors r est inversible car $e \notin P\widehat{R}$. Il s'ensuit que $d(e + r) \in I\widehat{R}$ et donc $e \in R + I\widehat{R}$ d'après le lemme 6.2 et puisque $d \notin I^{\sharp}$. On obtient une contradiction car $I = B(e)$. On a donc bien $c, d \in I^{\sharp}$. $\qquad\square$

Rappelons ici quelques résultats sur la structure des modules de type fini sur un anneau de valuation ; voir [**35**] ou [**24**, Chapitre 9].

PROPOSITION 6.4. *Soit* M *un* R-*module de type fini sur un anneau de valuation* R *tel que* gen $M = n$. *Alors :*

(1) $\exists$ *une suite de composition* $0 = M_0 \subset M_1 \ldots \subset M_n = M$, *où,* $\forall k$, $1 \leq k \leq n,$, M_k, *est un sous-module pur de* M *et* M_k/M_{k-1} *est un module monogène ;*

(2) *deux suites de composition de* M, *admettent des modules quotients isomorphes, après éventuellement permutation des indices ;*

(3) *tout module* M *de type fini admet un sous-module de base* B, *c'est-à-dire que* B *est une somme directe finie de modules monogènes et* B *est un sous-module pur et essentiel de* M ;

(4) *on a toujours* Gd $M \leq$ gen M ; *et* Gd $M =$ gen M *si et seulement si* M *est une somme directe de modules monogènes.*

REMARQUE 6.5. Dans [11] on caractérise les anneaux commutatifs qui vérifient les deux premières conditions de la proposition 6.4. On trouve que ce sont
exactement les CF-anneaux introduits par Thomas Shores et Roger Wiegand dans
[37]. Ces anneaux vérifient aussi une condition similaire à la quatrième condition
ci-dessus : on remplace gen M par la longueur des suites des composition pure
de M. De plus, si les localisés par rapport aux idéaux maximaux sont presque
maximaux, alors ces anneaux sont ceux pour lesquels tout module de type fini est
somme directe de modules monogènes.

PREUVE DE LA PROPOSITION 6.1. D'après la proposition 4.9, il existe $e \in$
$\widehat{R} \setminus (R \cup P\widehat{R})$. Puisque I est non archimédien, il existe $p \in P \setminus I^\sharp$. Fixons un
entier $n > 0$. Puisque $p^{2(n-1)}I = I$, il existe $a \in I$ tel que $p^{2(n-1)}a \neq 0$. Pour tout
k, $1 \leq k \leq n$, on pose $A_k = Rap^{2(k-1)}$. On définit n éléments de $\widehat{R} \setminus R$ de la façon
suivante : $e_1 = e$ et pour tout k, $2 \leq k \leq n$, $e_k = 1 + p^{k-1}e$. Soit $J = (Ra : I)$. On
a, $\forall k$, $1 \leq k \leq n$, d'après les lemmes 4.10 et 1.4, $B(e_k) = p^{k-1}I = I$, et d'après
le lemme 1.4, $J = (A_k : I)$.

D'après le lemme 6.3, pour tout entier k, $1 \leq k \leq n$, il existe une famille
$\{e_k^b \mid b \in J\}$ d'éléments inversibles de R, tels que $(e_k - e_k^b)$ appartient à $(A_k : b)\widehat{R}$.

On définit un R-module M engendré par $\{x_0, x_1, \ldots, x_n\}$ avec les relations
suivantes :

$- (0 : x_k) = A_k$ pour tout k, $1 \leq k \leq n$

$- (0 : x_0) = A_n$

$- \forall b \in J$, $bx_0 = b \left(\sum_{k=1}^n e_k^b x_k \right)$.

Alors on a le lemme suivant :

LEMME 6.6.   (1) *Le système de relations qui définit M est compatible.*

(2) *On a $< x_1, x_2, \ldots, x_n > = \oplus_{i=1}^n Rx_i$ et donc Gd $M \geq n$.*

(3) $ann(x_0 + < x_1, \ldots, x_n >) = J$.

(4) $< x_1, \ldots, x_n >$ *est un sous-module pur de M.*

(5) $\{J, A_1, A_2, \ldots, A_n\}$ *sont les annulateurs des modules quotients mono-*
gènes dans toute suite de composition de M.

Ce lemme 6.6 est pratiquement identique à [42, Lemme 3] et se démontre de
la même façon.

Comme dans [42] on va supposer que M est décomposable et montrer que c'est
impossible. Nous allons suivre la même démarche.

Tout d'abord, en utilisant la proposition 6.4, on montre que si M est décomposable, M contient un facteur direct monogène, voir [42, Lemme 2]. On peut
écrire $M = Ry_0 \oplus < y_1, y_2, \ldots, y_n >$ où $\{y_0, y_1, \ldots, y_n\}$ est un système générateur
minimal de M. Posons, $\forall i$, $0 \leq i \leq n$, $y_i = \sum_{j=0}^n a_{ij}x_j$, où $a_{ij} \in R$, $\forall i$, $\forall j$,

$0 \le i$, $j \le n$. Alors la matrice $T = (a_{ij})_{0 \le i,j \le n}$ est inversible et $det\ T$ est inversible. D'après l'unicité des suites de composition, $(0 : y_0) \in \{J, A_1, A_2, \ldots, A_n\}$.

Etape 1 : On a $(0 : y_0) \ne J$.
Sinon $\forall b \in J$, on a

$$0 = by_0 = b(\sum_{j=0}^{n} a_{0j}x_j) = b(\sum_{j=1}^{n}(a_{0j} + a_{00}e_j^b)x_j).$$

D'après le lemme 6.6, $b(a_{0j} + a_{00}e_j^b) \in A_j = (0 : x_j)$. De $(e_j - e_j^b)$ appartenant à $(A_j : b)\widehat{R}$, on déduit que $b(a_{0j} + a_{00}e_j) \in A_j\widehat{R}$ et donc $(a_{0j} + a_{00}e_j) \in \cap_{b \in J}(A_j : b)\widehat{R} = I\widehat{R}$ d'après le lemme 6.3. D'après ce lemme, $a_{0j} \in P$ et $a_{00} \in P$. Donc si $(0 : y_0) = J$, on obtient que $\forall j$, $0 \le j \le n$, a_{0j} est non inversible ; c'est en contradiction avec T inversible.

Etape 2 : Soient $c_0, c_1, \ldots, c_n$ les coefficients de la première colonne de T^{-1}.
Alors $c_i A_i \subseteq (0 : y_0)$, $\forall i, 1 \le i \le n$.
De l'égalité $\underline{x} = T^{-1}\underline{y}$ on déduit que

$$\forall i, \ 1 \le i \le n, \ x_i - c_i y_0 \in < y_1, y_2, \ldots, y_n > .$$

Puisque $A_i = (0 : x_i)$ et que $Ry_0 \cap < y_1, \ldots, y_n > = 0$, on obtient $c_i A_i \subseteq (0 : y_0)$.

Etape 3 : On a $-c_0 + \sum_{i=1}^{n} c_i e_i \in I\widehat{R}$.
Soit $b \in J$ et soit $\underline{d} = (d_i^b)$ le vecteur ligne $\underline{d} = b(-1, e_1^b, \ldots, e_n^b)T^{-1}$. Alors nous avons

$$\underline{d}.\underline{y} = b(-1, e_1^b, \ldots, e_n^b)\underline{x} = b(-x_0 + \sum_{i=1}^{n} e_i^b x_i) = 0.$$

Donc $d_0^b y_0 \in < y_1, \ldots, y_n >$ et par conséquent $d_0^b y_0 = 0$. Nous obtenons que $d_0^b = b(-c_0 + \sum_{i=1}^{n} c_i e_i^b) \in (0 : y_0)$. Puisque $(0 : y_0) \subseteq A_1$ (1ère étape), et comme $(e_i - e_i^b) \in (A_i : b)\widehat{R} \subseteq (A_1 : b)\widehat{R}$, $\forall b \in J$, il s'ensuit que $-c_0 + \sum_{i=1}^{n} c_i e_i \in \bigcap_{b \in J}(A_1 : b)\widehat{R} = I\widehat{R}$ (Lemme 6.3).

Etape 4 : $\exists m$, $2 \le m \le n$, qu'on peut choisir minimal tel que $c_m \in U(R)$.
Puisque $\forall i$, $2 \le i \le n$, $e_i = 1 + p^{i-1}e$, on a

$$-c_0 + c_1 e + \sum_{i=2}^{n} c_i(1 + p^{i-1}e) \in I\widehat{R},$$

soit $(-c_0 + \sum_{i=2}^{n} c_i) + (c_1 + \sum_{i=2}^{n} c_i p^{i-1})e = c + de \in I\widehat{R}.$

D'après le lemme 6.3, on a $c \in P$ et $d \in P$. Puisque $d \in P$, on a donc $c_1 \in P$. Puisque $c \in P$, et $\{c_0, c_1, c_2, \ldots, c_n\} \cap U(R) \neq \emptyset$, c_0 ne peut pas être le seul élément inversible ; donc $\exists m \in \{2, \ldots, n\}$ tel que c_m soit inversible.

Etape 5 : Soit m comme dans l'étape 4. Alors $(0 : y_0) = A_k$ avec $1 \leq k < m$.
Puisque $c \in Rp^j$ et $d \in Rp^j$, $\forall j \geq 1$, on a donc $Rd \subset Rc_m p^{m-1}$. D'autre part $\forall j > m$, $Rc_j p^{j-1} \subset Rc_m p^{m-1}$. D'après le lemme 1.2, $\exists h$, $1 \leq h < m$ tel que $Rc_h p^{h-1} = Rc_m p^{m-1} = Rp^{m-1}$. D'après le lemme 1.2 on a $Rc_h = Rp^{m-h}$. On en déduit que :

$$(0 : y_0) \supseteq c_h A_h = p^{m-h} A_h = p^{m-h}.p^{2(h-1)} A_1 = p^{m+h-2} A_1 \supset p^{2(m-1)} A_1 = A_m$$

et donc nécessairement $(0 : y_0) \in \{A_1, A_2, \ldots, A_{m-1}\}$, c'est-à-dire que $(0 : y_0) = A_k$ pour un entier $k < m$.

On peut enfin obtenir la contradiction. Soit $t \in A_k \setminus A_{k+1}$. Alors nous avons :

$$0 = ty_0 = ta_{00}x_0 + \sum_{j=k+1}^{n} ta_{0j}x_j.$$

D'où $\quad t\left(\sum_{j=k+1}^{n} (a_{0j} + a_{00}e_j^t)x_j \right) = 0$. On a donc $t(a_{0j} + a_{00}e_j^t)x_j = 0$

et $(a_{0j} + a_{00}e_j^t) \in (A_j : t) \subseteq P \quad \forall j \geq k+1$.

Puisque $c_1, \ldots, c_{m-1} \in P$, et $m > k$ on a

$$1 = a_{00}c_0 + \sum_{i=1}^{n} a_{0i}c_i \equiv a_{00}c_0 + \sum_{i=m}^{n} a_{0i}c_i \; modP.$$

Puisque $-c_0 + \sum_{i=1}^{n} c_i e_i \in I\widehat{R} \subseteq P\widehat{R}$ (étape 3), on a

$$1 \equiv \sum_{i=m}^{n} c_i(a_{0i} + a_{00}e_i) \equiv \sum_{i=m}^{n} c_i(a_{0i} + a_{00}e_i^t) \equiv 0 \; mod \; P\widehat{R}.$$

D'où la contradiction. $\qquad\qquad\qquad\qquad\qquad\qquad\qquad\qquad\qquad\qquad\qquad$ $\square$

2. Cas archimédien

La démonstration de la proposition suivante est une étape primordiale pour prouver le Théorème 6.15. Pour la définition d'un anneau de valuation archimédien voir le chapitre 3.

PROPOSITION 6.7. *Soit R un anneau de valuation archimédien pour lequel il existe un entier $n > 0$ tel que tout module uniforme de type fini soit engendré par au plus n éléments. Alors R est presque maximal.*

LEMME 6.8. *Soient R un anneau de valuation cohérent et archimédien, Y un R-module injectif, X un sous-module pur de Y et $Z = Y/X$. Alors Z est injectif.*

DÉMONSTRATION. X est FP-injectif car c'est un sous-module pur d'un module injectif. Donc, puisque R est cohérent, Z est aussi FP-injectif d'après [**6**, Théorème 1.5]. Soient J un idéal de R et $f : J \to Z$ un homomorphisme. D'après le corollaire 3.6, J est de type dénombrable. Il existe donc une suite $(a_n)_{n \in \mathbb{N}}$ d'éléments de J tels que $J = \cup_{n \in \mathbb{N}} Ra_n$ et $a_n \in Ra_{n+1}$ $\forall n \in \mathbb{N}$. Puisque Z est FP-injectif, $\forall n \in \mathbb{N}$, il existe $z_n \in Z$ tel que $f(a_n) = a_n z_n$. Il s'ensuit que $a_n(z_{n+1} - z_n) = 0$, $\forall n \in \mathbb{N}$. Par récurrence sur n on construit une suite $(y_n)_{n \in \mathbb{N}}$ d'éléments de Y tels que $z_n = y_n + X$ et $a_n(y_{n+1} - y_n) = 0$, $\forall n \in \mathbb{N}$. Supposons $y_0, \ldots, y_n$ construits. Soit $y'_{n+1} \in Y$ tel que $z_{n+1} = y'_{n+1} + X$. Alors $a_n(y'_{n+1} - y_n) \in X$. Puisque X est un sous-module pur de Y il existe $x_{n+1} \in X$ tel que $a_n(y'_{n+1} - y_n) = a_n x_{n+1}$. On pose $y_{n+1} = y'_{n+1} - x_{n+1}$. L'injectivité de Y implique qu'il existe $y \in Y$ tel que $a_n(y - y_n) = 0$, $\forall n \in \mathbb{N}$. On pose $z = y + X$. Alors il est facile de vérifier que $f(a) = az$, $\forall a \in J$. $\square$

LEMME 6.9. *Soit R un anneau de valuation archimédien. On suppose que R est un IF-anneau non noethérien. Alors*

(1) *P est le seul idéal premier de R;*

(2) *P n'est pas de type fini;*

(3) *P est fidèle.*

DÉMONSTRATION. Puisque R est auto-FP-injectif, $(0 : a) \neq 0$ pour tout $a \in P$ d'après le théorème 2.3. Donc P est le seul idéal premier.

Si P était de type fini alors tous les idéaux premiers seraient de type fini, et on aurait donc R noethérien.

Si P n'était pas fidèle, il existerait $a \in R$ tel que $P = (0 : a)$. On en déduirait que P est de type fini car R est cohérent, d'où une contradiction. $\square$

LEMME 6.10. *Soit R un anneau de valuation archimédien. On suppose que R est un IF-anneau non noethérien.*

Soit E un module injectif non nul. Si $\mathrm{Mr}\, E \leq n$ alors il existe un sous-module pur unisériel non nul U de E tel que $\mathrm{Mr}\, E/U \leq n - 1$.

DÉMONSTRATION. E contient un facteur direct indécomposable F qui est donc injectif. D'après la proposition 3.3 F contient un sous-module pur unisériel U, qui est aussi pur dans E. Ensuite on fait comme dans la démonstration de la proposition 4.14, en remplaçant M par E et M_1 par U pour obtenir que $\mathrm{Mr}\, E \geq \mathrm{Mr}\, E/U + 1$. $\square$

PREUVE DE LA PROPOSITION 6.7. Soit $\mathcal{F}$ la famille des idéaux non nuls A de R tels que R/A ne soit pas maximal. Si $\mathcal{F} \neq \emptyset$ on pose $J = \cup_{A \in \mathcal{F}} A$. Alors J

est un idéal premier d'après [**25**, Lemma II.6.5]. Puisque R est archimédien, on a soit $J = P$ ou $\mathcal{F} = \emptyset$. Donc R est presque maximal si et seulement si il existe un idéal propre non nul $I \neq P$ tel que R/I soit maximal. Par conséquent, on peut remplacer R par R/rR où $0 \neq r \in P$ et supposer que R est un IF-anneau d'après le théorème 2.4. Soit E un R-module injectif indécomposable. Puisque Mr $E \leq n$, en utilisant les lemmes 6.10 et 6.8, on montre qu'il existe une suite de composition pure de E de longueur $m \leq n$,

$$0 = E_0 \subset E_1 \subset \ldots \subset E_m = E$$

telle que E_k/E_{k-1} soit unisériel et E/E_{k-1} injectif, $\forall k$, $1 \leq k \leq m$. On pose $U = E/E_{m-1}$. Puisque U est fidèle d'après la proposition 2.11 il existe $x \in U$ tel que $0 \subset (0 : x) \subset P$. On pose $I = (0 : x)$. Soit $V = \{y \in U \mid I \subseteq (0 : y)\}$. Alors V est un module injectif sur R/I. Supposons qu'il existe $y \in V$ tel que $x = sy$ avec $s \in R$. D'après le lemme 1.1 $I \subseteq (0 : y) = sI$. Puisque $I^\sharp = P$, car P est le seul idéal premier, l'égalité $sI = I$ implique que s est inversible. Il s'ensuit que $V = Rx \cong R/I$. Donc R/I est auto-injectif. D'après [**28**, Theorem 2.3] R/I est maximal. Donc R est presque maximal.   □

De la proposition 6.7 on déduit le corollaire suivant.

COROLLAIRE 6.11. *Soient R un anneau de valuation intègre et archimédien, $\widehat{R}$ une extension immédiate maximale de R, Q et $\widehat{Q}$ leurs corps de fractions respectifs. Si $[\widehat{Q} : Q] < \infty$, alors R est presque maximal.*

DÉMONSTRATION. C'est une conséquence immédiate du fait que gen $M \leq [\widehat{Q} : Q]$ pour tout module uniforme de type fini M d'après [**43**, Theorem 2.2].   □

Ce corollaire joue un rôle essentiel pour montrer le résultat suivant qui fait partie d'un article intitulé "Valuation domains with a maximal immediate extension of finite rank" soumis pour publication.

THÉORÈME 6.12. *Soient R un anneau de valuation intègre, $\widehat{R}$ une extension immédiate maximale de R, Q et $\widehat{Q}$ leurs corps de fractions respectifs.*
Si $[\widehat{Q} : Q] < \infty$, alors il existe une famille finie d'idéaux premiers

$$P = L_0 \supset L_1 \supset \cdots \supset L_{m-1} \supset L_m \supseteq 0$$

telle que R_{L_k}/L_{k+1} soit presque maximal, $\forall k$, $0 \leq k \leq m-1$ et R_{L_m} est maximal si $L_m \neq 0$.

3. Le théorème

Pour démontrer le théorème 6.15, les deux propositions suivantes sont utiles.

PROPOSITION 6.13. *Soient A un idéal propre de R et L un idéal premier tels que $A^\sharp \subseteq L$ et A n'est pas de la forme rL où $r \in R$. Alors R_L/A_L est complet pour sa topologie des idéaux si R/A l'est aussi.*

DÉMONSTRATION. Soient $(a_i)_{i \in I}$ une famille d'éléments de R_L et $(A_i)_{i \in I}$ une famille d'idéaux de R_L telles que $a_i \in a_j + A_j$ si $A_i \subset A_j$ et $A_L = \cap_{i \in I} A_i$. On peut supposer $A_i \subseteq L_L$, $\forall i \in I$. Donc, $a_i + L_L = a_j + L_L$, $\forall i, j \in I$. Soit $b \in a_i + L_L$, $\forall i \in I$. On en déduit que $a_i - b \in L_L$, $\forall i \in I$ et donc $a_i - b = \dfrac{c_i}{1}$ où $c_i \in R$, $\forall i \in I$. Soit, $\forall i \in I$, A_i' l'image réciproque de A_i par l'application canonique $R \to R_L$. On vérifie que $c_i \in c_j + A_j'$ si $A_i' \subseteq A_j'$ et $A = \cap_{i \in I} A_i'$ car $A^\sharp \subseteq L$. Puisque R/A est complet pour sa topologie des idéaux, $\exists c \in R$ tel que $\dfrac{c}{1} + b - a_i \in A_i$, $\forall i \in I$. Donc R_L/A est aussi complet pour sa topologie des idéaux.   □

PROPOSITION 6.14. *Soit R un anneau de valuation. Supposons qu'il existe un idéal premier non maximal J tel que R/J soit presque maximal. Alors, pour tout idéal archimédien I, R/I est complet pour sa topologie des idéaux.*

DÉMONSTRATION. Supposons qu'il existe un idéal archimédien I, $I \neq Pr$ $\forall r \in R$, tel que R/I ne soit pas complet pour sa topologie des idéaux. D'après la proposition 4.9 il existe $e \in \widehat{R} \setminus R$ tel que $B(e) = I$. Soient J un idéal premier non maximal et $t \in P \setminus J$. Alors $I \neq (I : t) \subseteq J$. Soit $s \in (I : t)$, $s \neq 0$. Puisque $B(e) = I$ il existe $u \in R$ et $x \in \widehat{R}$ tels que $e = u + sx$. On en déduit que $B(x) = (I : s)$. D'après la proposition 4.9 $R/B(x)$ est non complet pour sa topologie des idéaux et $J \subset Rt \subseteq B(x)$. On obtient que R/J n'est pas presque maximal.   □

THÉORÈME 6.15. *Tout anneau local R à type de module borné est un anneau de valuation presque maximal.*

DÉMONSTRATION. On sait déjà que R est un anneau de valuation d'après [40]. D'après la proposition 6.1 R/I est complet pour la topologie des idéaux pour tout idéal non archimédien I. D'après la proposition 6.14 il suffit de montrer que R/L est presque maximal pour un idéal premier $L \neq P$. Soit J la réunion de tous les idéaux premiers différents de P. Alors J est aussi premier.

Si $J \neq P$, alors R/J est archimédien et donc presque maximal d'après la proposition 6.7. Dans ce cas le théorème est démontré.

Supposons que $J = P$. Soit L un idéal premier non maximal et non nul. On remplace R par R/L et on suppose donc R intègre dans la suite. Soit I un idéal premier non maximal et A un idéal de R_I. Si A' est l'image réciproque de A par l'application canonique $R \to R_I$ alors $(A')^\sharp \subseteq I$. D'après les propositions 6.1 et 6.13 R_I/A est complet pour sa topologie des idéaux. Donc R_I est maximal. Soit $X = \operatorname{Spec} R \setminus \{P\}$. Il est évident que $R \subseteq \cap_{I \in X} R_I$. Soit $q \in Q \setminus R$. Alors

$q = \dfrac{1}{s}$ où $s \in P$. Puisque $P = \cup_{I \in X} I$ il existe un idéal premier non maximal I tel que $s \in I$, d'où $a \notin R_I$. Donc $R = \cap_{I \in X} R_I$. D'après [**44**, proposition 4] R est linéairement compact pour la topologie de la limite projective. Puisque R est séparé pour cette topologie linéaire, tout idéal non nul est ouvert et fermé. Donc R est linéairement compact pour la topologie discrète. $\square$

Bibliographie

[1] N. Bourbaki. *Algèbre commutative, Chapitre 1.* Hermann, Paris, (1961).

[2] J. Brewer, D. Katz, and W. Ullery. Pole assignability in polynomial rings, power series rings, and Prüfer domains. *J. Algebra,* 106 :265–286, (1987).

[3] J. Brewer and L. Klinger. Pole assignability and the invariant factor theorem in Prüfer domains and Dedekind domains. *J. Algebra,* 111 :536–545, (1987).

[4] R. Colby. Flat injective modules. *J. Algebra,* 35 :239–252, (1975).

[5] F. Couchot. Sous-modules purs et modules de type cofini. *Séminaire d'algèbre Paul Dubreuil et Marie-Paule Malliavin,* volume 641 de *Lecture Notes in Math.,* pages 198–208. Springer, (1978).

[6] F. Couchot. Exemples d'anneaux auto fp-injectifs. *Comm. Algebra,* 10(4) :339–360, (1982).

[7] F. Couchot. Anneaux locaux à type de module borné. *Ark. Mat.,* 34 :65–72, (1996).

[8] F. Couchot. Commutative local rings of bounded module type. *Comm. Algebra,* 29(3) :1347–1355, (2001).

[9] F. Couchot. Injective modules and fp-injective modules over valuation rings. *J. Algebra,* 267 :359–376, (2003).

[10] F. Couchot. The λ-dimension of commutative arithmetic rings. *Comm. Algebra,* 31(7) :3143–3158, (2003).

[11] F. Couchot. Modules with RD-composition series over a commutative ring. *Comm. Algebra,* 31(7) :3171–3194, (2003).

[12] F. Couchot. Local rings of bounded module type are almost maximal valuation rings. *Comm. Algebra,* 33(8) :2851–2855, (2005).

[13] F. Couchot. Localization of injective modules over valuations rings. *Proc. Amer. Math. Soc.,* 134(4) :1013–1017, (2006).

[14] F. Couchot. Pure-injective hulls of modules over valuation rings. *J. Pure Appl. Algebra,* 207 :63–76, (2006).

[15] F. Couchot. RD-flatness and RD-injectivity. *Comm. Algebra,* 34 :3675–3689, (2006).

[16] F. Couchot. Finitely presented modules over semihereditary rings. *Comm. Algebra,* 35 :2685–2692, (2007).

[17] F. Couchot. Flat modules over valuation rings. *J. Pure Appl. Algebra,* 211 :235–247, (2007).

[18] F. Couchot. Indecomposable modules and Gelfand rings. *Comm. Algebra*, 35(1) :231–241, (2007).

[19] F. Couchot. Valuation domains whose products of free modules are separable. *Comm. Algebra*, 35 :2693–2697, (2007).

[20] F. Couchot. Strong cleanness of matrix rings over commutative rings. *Comm. Algebra*, 36 :346–351, (2008).

[21] E.C. Dade. Localization of injective modules. *J. Algebra*, 69 :416–425, (1981).

[22] A. Facchini. Relative injectivity and pure-injective modules over Prüfer rings. *J. Algebra*, 110 :380–406, (1987).

[23] A. Facchini. *Module theory. Endomorphism rings and direct sum decompositions in some classes of modules.* Progress in Mathematics (Boston, Mass.). Birkhäuser, Basel, (1998).

[24] L. Fuchs and L. Salce. *Modules over valuation domains*, volume 97 de *Lecture Notes in Pure an Appl. Math.* Marcel Dekker, New York, (1985).

[25] L. Fuchs and L. Salce. *Modules over Non-Noetherian Domains.* Number 84 in Mathematical Surveys and Monographs. American Mathematical Society, Providence, (2001).

[26] D.T. Gill. Almost maximal valuation rings. *J. London Math. Soc.*, 4 :140–146, (1971).

[27] H.C. Hutchins. *Examples of commutative rings.* Polygonal Publishing House, (1981).

[28] G.B. Klatt and L.S. Levy. Pre-self injectives rings. *Trans. Amer. Math. Soc.*, 137 :407–419, (1969).

[29] E. Lady. Splitting fields for torsion-free modules over discrete valuation rings. *J. Algebra*, 49 :261–275, (1977).

[30] J.P. Lafon. Anneaux locaux commutatifs sur lesquels tout module de type fini est somme directe de modules monogènes. *J. Algebra*, 17 :571–591, (1971).

[31] L. S. Levy. Invariant factor theorem for Prüfer domains of finite character. *J. Algebra*, 106 :259–264, (1987).

[32] E. Matlis. Injective modules over Prüfer rings. *Nagoya Math. J.*, 15 :57–69, (1959).

[33] M. Nishi. On the ring of endomorphisms of an indecomposable module over a Prüfer ring. *Hiroshima Math. J.*, 2 :271–283, (1972).

[34] B.L. Osofsky. Noninjective cyclic modules. *Proc. Amm.Math. Soc.*, 19 :1383–1384, (1968).

[35] L. Salce and P. Zanardo. Finitely generated modules over valuation rings. *Comm. Algebra*, 12 :1795–1812, (1984).

[36] L. Salce and P. Zanardo. Some cardinals invariants for valuation domains. *Rend. Sem. Mat. Univ. Padova*, 74 :205–217, (1985).

[37] T. S. Shores and R. Wiegand. Rings whose finitely generated modules are direct sum of cyclics. *J. Algebra*, 32 :152–172, (1974).

[38] B. Stenström. Coherent rings and FP-injective modules. *J. London Math. Soc.*, 2(2) :323–329, (1970).

[39] P. Vámos. Decomposition problems for modules over valuation domains. *J. London Math. Soc.*, 41 :10–26, (1990).

[40] R. Warfield. Decomposability of finitely presented modules. *Proc. Amer. Math. Soc.*, 25 :167–172, (1970).

[41] R.B. Warfield. Purity and algebraic compactness for modules. *Pac. J. Math.*, 28(3) :689–719, (1969).

[42] P. Zanardo. Valuation domains of bounded module type. *Arch. Math.*, 53 :11–19, (1989).

[43] P. Zanardo. Modules over Archimedean valuation domains and the problem of bounded module type. *Comm. Algebra*, 30(4) :1979–1993, (2002).

[44] D. Zelinsky. Linearly compact modules and rings. *Amer. J. Math.*, 75 :79–90, (1953).

[45] B. Zimmermann-Huisgen and W. Zimmermann. Algebraically compact rings and modules. *Math. Z*, 161 :81–93, (1978).

Index

www.ingramcontent.com/pod-product-compliance
Lightning Source LLC
Chambersburg PA
CBHW021609210326
41599CB00010B/677